Business BallaBalla

Wer im Business jongliert, sollte richtig jonglieren lernen

Zu diesem Buch

Ja, Sie lesen richtig. Business-BallaBalla. Wir leben in einer verrückten (Geschäfts-)Welt, in einer Zeit, in der immer häufiger Normalität ver-rückt wird. Dies löst Unsicherheit und Ängste aus. Der Autor empfiehlt deshalb, sich entsprechend ver-rückt zu verhalten, um so gestärkt BallaBalla-Situationen zu begegnen. Nicht mehr und nicht weniger steht in diesem Buch. Die Welt verändert sich immer rasanter und vielseitiger, sorgt für mehr Unsicherheiten im beruflichen und privaten Umfeld. Die Orientierungsprobleme der Menschen nehmen zu. Anders ausgedrückt: Das BallaBalla in der Welt – schwerpunktmäßig im Business wird in diesem Buch näher untersucht. Herkunft und Entwicklung von BallaBalla (Ver-rücktem) wird beschrieben und kommentiert, eine Definition versucht sowie eine konkrete Empfehlung ausgesprochen: Jonglieren mit Bällen! Das Jonglieren mit Bällen ist nämlich eine unterschätzte, sehr fundierte und deshalb überaus ernst zu nehmende Möglichkeit, dem BallaBalla in der Welt wirksam zu begegnen. Der Untertitel dieses Buches „Wer im Business jongliert, sollte richtig jonglieren lernen“, meint genau eben dies, Wir sind alle Jongleure und jonglieren mehr oder weniger alle mit Aufgaben, Prioritäten, Terminen und Unwägbarkeiten. Unsere Wirtschaft und größtenteils unsere Gesellschaft verhalten sich in der Tat verrückt oder sorgen für verrückte Situationen. Intensität und Menge dieser Ver-rücktheiten nehmen eher zu als ab. Autor und Entwickler dieser verrückten BallaBalla-These ist Trainer und Profi-Jongleur Stephan Ehlers, der „BallaBalla“ nicht nur zu seinem Geschäftsmodell erklärt hat, sondern damit seit 1995 Geld verdient (www.ballaballa.com). In seinen aktuellen Vorträgen und Workshops „Business-BallaBalla“ und „Erfolgsgeheimnisse für Erfolgsverantwortliche“ jongliert Stephan Ehlers überaus geschickt und unterhaltsam mit Infotainment, Jonglierbällen und einer erfolgreichen Vermittlung von Softskill-Kompetenzen. Die Idee zu diesem Buch kam von einigen Auftraggebern, Vortrags- und Workshop-Teilnehmern, die immer wieder fragten: „Gibt's dazu ein Buch? – Warum nicht?“ Nun liegt es vor!

Business BallaBalla

Wer im Business jongliert,
sollte richtig jonglieren lernen

Stephan Ehlers

www.business.ballaballa.com
eMail: info@ballaballa.com

FQL-Publishing

Impressum

Autor: Stephan Ehlers, München

Verlag:
FQL Publishing, München,
Tel. (089) 17 11 70 36, www.fql-publishing.com

Herstellung und Vertrieb:
Books on Demand GmbH, D-22848 Norderstedt

München 2009

ISBN 978-3-940965-08-0

Stephan Ehlers

Nach seinen Ausbildungen zum Bank- und Werbekaufmann, lernte Stephan Ehlers (Jahrgang 1961) bei einigen Agenturen und Fachverlagen das Kommunikationshandwerk mit der „Ware" Information. Er gründete 1995 sein Unternehmens FQL – Fröhlich Qualität Liefern und eröffnete unter anderem seine Webseite www.ballaballa.com. Er ist seither als Trainer, Berater, Referent und Moderator für namhafte Unternehmen tätig (Allianz, Deutsche Telekom, McKinsey, Sport 2000, Siemens, Fujitsu, British Telecom, T-Mobile, Ernst & Young). Er gewann 2001 unter anderem den Management-Business-Award und wurde 2007 beim Conga Award von 25.000 Veranstaltungsorganisatoren in die Top Ten der Kategorie „Künstler & Performance" gewählt. 2008 wählte die Initiative Mittelstand seinen Workshop „CRM – Chefs Richtig Motivieren – Führung von unten nach oben" in der Kategorie „Human Resources" zum Innovationsprodukt 2008". Dieses Programm „CRM" war unter anderem auch Grundlage für die Entwicklung seines aktuellen Vortrags- und Workshop-Programms „Business-BallaBalla".

Stephan Ehlers erfand 1995 ein Jonglier-Lernsystem für Anfänger (REHORULI) und verbindet in seinen Auftritten und Vorträgen das Thema „Jonglieren" elegant und nachhaltig mit verschiedenen Business-Themen (Kommunikation, Management, Wandel). Mehrere Auszeichnungen machen REHORULI mittlerweile zum erfolgreichsten Jonglier-Lernsystem. Im Juli 2003 erzielte Stephan Ehlers seinen ersten Weltrekord. Mit REHORULI haben 54 Jonglier-Anfänger gleichzeitig das Jonglieren in nur 60 Minuten gelernt. Fünf Jahre später haben dies fünfmal so viel Jonglier-Anfänger in der Hälfte der Zeit geschafft! 264 Sparkassen-Mitarbeiter schafften das Werfen und Fangen mit drei Bällen in nur 30 Minuten.

Inhaltsverzeichnis

Inhaltsverzeichnis

Inhaltsverzeichnis

Vorwort

Auch wenn das Vorwort immer am Anfang eines Buches steht, ist es in den allermeisten Fällen das Letzte, was der Autor dann für das Buch schreibt. So auch in diesem Fall. Ich bin sehr froh, dass ich Ihnen „Business-BallaBalla" als Buch vorlegen kann. Seit 2007 wird dieses Thema gerne von den unterschiedlichsten Auftraggebern als Vortrag und/oder Comedy-Rede bei mir gebucht. Doch in diesen Vorträgen konnte ich aus Zeitmangel bisher nur Ausschnitte präsentieren bzw. musste mich auf wenige Aspekte beschränken. Jetzt liegt also das vollständige Gedankengut zu meiner Interpretation von Business-BallaBalla vor.

Jonglieren mit Informationen, Veränderungen & Zeit

Auch wenn Sie (noch) nicht 3 Bälle jonglieren können, sind Sie dennoch Jongleur! Sie jonglieren auf hohem Niveau. Täglich. Sie jonglieren mit Aufgaben, Prioritäten und Terminen. Sie alle haben einen Chef (und/oder Sie haben Mitarbeiter) und sind dank eMail, Handy und Business-Mobilität ständig informationsüberlastet. Sie haben immer mindestens „ein Ding" zu viel – eher mehr als nur „ein Ding" – pausenlos. Zumindest am Arbeitsplatz. Der Einzelne ist nicht selten überfordert bzw. erlebt oder fühlt Unsicherheit. Hektik ist normal, Ruhe und Gelassenheit die Ausnahme.

Auch wenn Sie noch nicht drei Bälle jonglieren können sollten, ist das Jonglieren mit drei Bällen einfacher, als die oben beschriebene „Alltags-Jonglage". Sie haben zwar nur zwei Hände und drei Bälle, aber dieser eine Ball, der für Jonglieranfänger da zuviel ist, bleibt. Es werden nicht mehr Bälle, es bleibt „nur" ein Ball zuviel. Klar muss ein Jongleur alle Bälle in Bewegung halten, aber eben nur drei und (noch) nicht mehr. Unsicherheit Schritt für Schritt in Sicherheit zu verwandeln, wird in vielen Branchen und für viele Berufstätige eine Daueraufgabe bzw. dauerhafte Herausforderung in der Zukunft. Genau das: **Unsicherheit Schritt für Schritt in Sicherheit zu verwandeln**, können Sie beim Jonglieren-Lernen erleben. Diese Verbindung „Jonglieren mit Bällen" & Jonglieren im (Business-)Alltag" ist das Leitmotiv für dieses Buch.

Jetzt wissen Sie was Sie auf den folgenden Seiten erwarten wird, d.h. jetzt können Sie noch entscheiden: Weiterlesen oder Zeit sparen und das Buch einfach wegwerfen.

Die kompromisslose Lernbereitschaft ist die zentrale Herausforderung in der Zukunft für den Einzelnen

Wer weiterkommen oder auch nur das Erreichte bewahren möchte, der muss sich durch kompromisslose Lernbereitschaft ständig verbessern. Wir leben in Zeiten mit permanenten Hausaufgaben. Das muss einem nicht gefallen, es ist dennoch nicht zu ändern. Schade, dass insbesondere das deutsche Bildungssystem dafür sorgt, dass die

Wenigsten Lust haben nach der Ausbildung oder dem Studium weiter Neues dazu zu lernen. Wer insbesondere in einem Hochlohnland die Nase vorn haben (und seinen Lohn und/oder Job behalten) will, der muss sich ständig neue Fertigkeiten aneignen. Kurz gesagt: man muss schlauer werden (oder bleiben) als der Nächste, und das bedeutet, dass man ein Leben lang die Schule nicht verlässt. Im heutigen wissens- bzw. verstandesorientierten Marktgeschehen ist die Ausbildung Ökonomie und die Ökonomie ist Ausbildung. Das gilt für Staaten, für Städte und für Unternehmen. Das gilt für mich und für Sie.

Lebendigkeit & Abwechslung statt Bequemlichkeit & Sicherheit

Es geht in diesem Leben niemals um Bequemlichkeit oder um Sicherheit, sondern vielmehr um Lebendigkeit. Mut zum Leben ist wichtiger als das Leben selbst. Es geht um Risiko und die damit verbundene Unsicherheit. Persönliches Wachstum findet nur dort statt. Ohne Ausnahme. Überschreiten bzw. überwinden Sie die eigenen Sicherheitsgrenzen. Akzeptieren Sie, dass Misserfolg möglich und nichts anderes als eine zwingende Voraussetzung für Erfolg ist. Genau das können Sie beim Jonglieren-Lernen (wieder) neu entdecken und erleben. Misserfolg als Vorstufe für den (späteren) Erfolg.

Ich danke allen, die mich bei diesem Buch unterstützt haben, allen voran meiner Frau Gabriele, die mir liebevoll den Rücken frei hielt sowie offen und ehrlich Kritik geübt hat. Außerdem danke ich meinen Schwiegereltern Hans-Christoph und Ingeborg Heilmann, in deren (abgelegenem) Haus westlich von München die meisten Seiten dieses Büchleins entstanden sind.

Natürlich bedanke ich mich auch bei Ihnen, lieber Leser. Immerhin haben Sie dieses Buch gekauft. Ich wünsche Ihnen viel Vergnügen bei der Lektüre und möglichst viele BallaBalla-Situationen, die Sie erfolgreich meistern.

Stephan Ehlers

München im März 2009

1) Die Märkte und das berufliche Umfeld sind permanenten VERÄNDERUNGEN unterworfen!

2) Es gibt orts- und branchenunabhängig KEINEN SICHEREN ARBEITSPLATZ mehr!

3) Wir können Punkt 1 und 2 nicht verändern. Die daraus resultierende UNSICHERHEIT ist normal und sollte keinesfalls unterschätzt oder gar verdrängt werden.

4) Der UMGANG mit UNSICHERHEIT und/oder unsicheren Situationen kann von JEDERMANN/-FRAU GELERNT werden!

5) Lernen Sie das Jonglieren mit drei Bällen und so spielerisch, aber dafür ganzkörperlich Schritt für Schritt Unsicherheit in Sicherheit zu verwandeln.

6) Bringen Sie sich REGELMÄSSIG und ABSICHTLICH in Situationen, die mit ANGST oder UNSICHERHEIT ÜBERWINDEN zu tun haben.

Wofür arbeite ich eigentlich?

Diese Frage kennen Sie vielleicht. Viele andere haben Sie bereits gestellt. In den letzten Jahren werden es immer mehr Menschen. Junge Leute ebenso wie langjährig Berufstätige stellen diese Frage in immer kürzeren Zeitabständen. Sowohl den Unternehmensführern als auch den Menschen in den Organisationen wird immer bewusster und klarer: Es gibt keinerlei Sicherheiten mehr. Keine sicheren, lebenslangen Jobs, keine Garantien auf Sozialleistungen. Nichts. Auch die Großunternehmen oder Banken haben den „Sicherheitsstatus“ lange verloren. Mittlerweile klebt auf jedem (!) Arbeitsplatz ein Etikett mit Verfallsdatum. Firmen wie Siemens, Deutsche Bank und viele andere Geldinstitute, Telekom, Post sowie eine Reihe staatlicher Organisationen (Bund, Land, Kommune) sind seit Jahren dabei Personal abzubauen. Nun werden Sie sich fragen, warum Sie sich engagieren sollen, wenn ihr Unternehmen Sie ohnehin entbehrlich findet. Vorsicht, wenn Sie so denken, landen Sie geradewegs im „negativen BallaBalla“!

Ein neuer Blickwinkel ist gefragt

Nicht Passivität ist gefragt, sondern Aktivität. Früher oder später muss jeder selbst Verantwortung für seine Karriere übernehmen. Bleiben Sie am Ball und nicht länger wehrlos. Der Blick auf das Geld am Monatsende ist zu kurz geblickt. Sie haben mehr verdient als einen Monatslohn. Lösen Sie sich von Sicherheitsfanatikern, Bedenkenträgern und Dauer-Nörglern. Betrachten Sie Ihre Job-Aktivitäten einmal fundamentaler ... aus dem Blickwinkel des Erlebnisfaktors, Ihrer Motivation sowie Ihrer Lebensziele. Die meisten Berufstätigen vermeiden diese drei Blickrichtungen: Wie passt mein Job zu meinen Lebenszielen. Was macht er mit meiner Motivation und welche Erlebnisse habe ich. Selbst dann, wenn es ein Leben nach dem Tod geben sollte, ist das noch lange kein Grund, sein eigenes Leben wie eine Generalprobe zu behandeln. Alle wissen, dass jeder nur ein Leben hat, aber die wenigsten handeln danach. John Lennon sagte einmal: „Leben ist das, was abläuft, während Du gerade damit beschäftigt bist, andere Pläne zu schmieden. Stellen Sie sich einmal in ruhiger Minute folgende Fragen:

- Habe ich in den letzten drei Jahren etwas getan, über das ich den Rest meines Lebens gerne sprechen werde?
- Was macht mein Job mit meinem Selbstwertgefühl?
- Was würde ich im Job gerne bewirken?
- Wer wird mir danken – wirklich aufrichtig danken – wenn ich Erfolg habe?
- Habe ich meine Berufung gefunden oder doch nur einen Arbeitsplatz?
- Wofür arbeite ich eigentlich?

Ich erlebe immer häufiger, dass Angestellte über „die“ Organisation sprechen bzw. Negatives über „die“ Firma berichten, in der sie selbst tätig sind. Wenn Sie das auch schon mal gemacht haben, O.K.! Aber Sie müssen wissen, dass in der heutigen Wirtschaft nicht „die“ sondern „sie“ das Unternehmen sind. Völlig egal in welcher Branche Sie arbeiten. Sie sind das Unternehmen, niemals „die“! Anders gesagt: Hören Sie vor allem damit auf, über „die“ zu klagen. Das dient lediglich als Entschuldigung, um Ihre eigene Untätigkeit zu rechtfertigen. Arbeitnehmer müssen heutzutage lernen, ihr Unternehmen als Vehikel für die Verwirklichung der eigenen Träume zu betrachten. Ja das mag sich „BallaBalla“ anhören bzw. ungewohnt sein … aber Sie haben eigentlich keine Wahl. Denn das Thema Veränderung, Unsicherheit bzw. Unkalkulierbarkeit der Zukunft wird mindestens bleiben, eher zunehmen. Sichere Arbeitsplätze gibt es heute und auch morgen nicht. Das mag bitter sein, aber nicht mehr zu ändern. Wenn es also weder Sicherheit noch Garantien für die Zukunft gibt, dürfen Sie sich mehr der Sinnfrage widmen: „Was macht Sinn?“. Sie können bzw. müssen die Berufswahl also eigensinnig betreiben. Möglicherweise fehlt Ihnen der Mut. Aber ich bin sicher: Sie und ihre Kollegen sehnen sich danach, etwas zu bewegen, etwas zu „schaffen“. Und sie sind bereit zu träumen. Alle Menschen haben die Chance verdient, auf dieser Welt etwas Cooles zu bewirken. Das ist der Blickwinkel, mit dem nicht nur Arbeitnehmer zu kämpfen haben. Natürlich haben Chefs und Personalleiter damit große Probleme und sehen mehr Gefahren als Chancen. Das macht die Sache sicher auch nicht einfacher. Drumherum kommen Sie dennoch nicht. Sie müssen sich zuerst klar darüber werden, was Sie wollen! Finden Sie Antworten auf diese drei Fragestellungen: „Erlebnis im Job“, „Motivation im/für den Job“ und „Vereinbarkeit mit eigenen Lebenszielen.

Auch wenn das Thema Wissensarbeiter, Wissensökonomie, Informationsgesellschaft etc. mittlerweile in allen Branchen diskutiert wird, brauchen wir heutzutage keine Wirtschaft der Köpfe (Wissen) oder Hände (Handwerk), sondern eine Wirtschaft der Herzen. Jeder Mitarbeiter sollte das Gefühl haben, zu einer Sache beizutragen, die wirkliche, positive Auswirkungen auf das Leben von Kunden und Kollegen hat.
Auch wenn viele es vielleicht verdrängt haben: Es ist das Wesen unserer menschlichen Natur – unser Wunsch, über uns selbst hinauszuwachsen. Grenzen zu überschreiten. Herausforderungen anzunehmen und zu meistern. Dies wird im Business immer wieder vermieden bzw. verleugnet. Und das obwohl jeder Vollzeit-Beschäftigte mehr wache Stunden an seinen Arbeitsplatz verbringt, als zusammengenommen zuhause, mit Familie, Gemeinschaft und anderen.

Alan Webber schrieb bereits vor 14 Jahren (1994) in der Harvard Business Review: „In der neuen Volkswirtschaft sind Mitarbeiter auf allen Unternehmensebenen und in allen nur erdenklichen Branchen dazu aufgerufen, neues

Wissen zu entwickeln, neue Werte zu schaffen, Verantwortung zu übernehmen für ihre Ideen und sie bis zum Äußersten zu verfolgen. Wer in der neuen Wirtschaft zu Rande kommen will, der muss sich die emotionale Energie zunutze machen, die aus dem Ringen mit dem eigenen Schicksal entspringt." Management-Guru Peter Drucker meinte dazu – ebenfalls vor 14 Jahren: „Man kann vor allem in einer wirtschaftlich schwierigen Phase verlangen, dass die Mitarbeiter pünktlich zur Arbeit erscheinen. Aber man kann nie verlangen, dass sie Leidenschaft, Schwung und Phantasie mitbringen. Man muss besondere Mitarbeiter anlocken und sich ihre Neugier zunutze machen."

Vor 15 Jahren erschien in dem amerikanischen Magazin „Inc." folgende fiktive Bewerbung:

Absender:
Entschlossener Sucher nach dem perfekten Arbeitsplatz

Ich will nicht mehr in einem Laden herumkrebsen, der schlecht geführt ist und so blöd, dass ich dort nur meine Zeit verschwende. Oder in einem Laden, wo man Bereichsleiter sein muss, um eine Chance zu bekommen. Ich will meine Hunde zur Arbeit mitbringen, zumindest am Samstag, und wenn ich um vier Uhr nachmittags „La Paloma" anstimme, dann möchte ich, dass die Leute mich nicht schief anschauen, sondern mitsingen.
Ich möchte kooperativ in einem Team arbeiten. Die Branche ist für mich eher nebensächlich, aber je umweltbewusster, desto besser. Ich suche ein ehrliches, konstruktives, faires, aufgeschlossenes und spielerisches Umfeld. Ich beherrsche mein Metier ganz hervorragend und werde jetzt auch einen

ganz hervorragenden Arbeitsplatz dafür finden. Ich will Gleitzeit, Freiräume für Experimente, Unterstützung durch die Gemeinschaft und viele Chancen zum Lernen. Ich will Bäume und Parkmöglichkeiten! Mit entschlossenen Grüßen

---

Die Wirtschaft wird es sich auf Dauer nicht leisten können, „Menschen für Jobs“ zu suchen statt „Jobs für Menschen“. Konkret bedeutet dies, die Jobs sehr individuell zu gestalten. Mit flexiblen und veränderbaren Grenzen zu versehen und die Mitarbeiter sehr „persönlich“ in das Unternehmen zu integrieren. Dazu gehört, die persönlichen Ziele des Mitarbeiters intensiv einzubauen. Und hier wird es schwierig für die Firmen/Organisationen. Individualität ist das Gegenteil von Standardisierung und/oder Regeln, wie sie für den Erfolg einer Organisation nun einmal notwendig sind. Kurzum: Sowohl für Arbeitnehmer, Arbeiter, Studenten, Azubis etc. wird die Arbeitswelt nicht einfacher, sondern eher schwieriger, komplexer, undurchschaubar. Ebenso wie für die Unternehmen und Unternehmenslenker, Wenn Sie es ein wenig einfacher haben möchten, als alle anderen, stellen Sie sich mal die folgenden sechs Fragen:

1. Liebe ich den Ort, in dem ich lebe?
2. Liebe ich den Partner an meiner Seite / zuhause?
3. Liebe ich meinen Beruf?
4. Liebe ich den Ort, in dem ich lebe, wirklich?
5. Liebe ich den Partner an meiner Seite wirklich?
6. Liebe ich meinen Beruf, wirklich?

Wenn Sie mindestens eine der drei Fragen zögerlich mit JA oder sogar mit NEIN beantworten müssen, werden Sie es künftig schwerer im Beruf haben, als andere. Warum es durchaus Sinn macht, mit Maximal-Wünschen im Business anzutreten, wird später noch ausführlich behandelt.

BallaBalla im deutschen Gesundheitswesen

Die meisten Experten halten den seit 1.1.2009 in Kraft getretenen Gesundheitsfonds für Murks. Selbst Väter und Mütter der Gesundheitsfond-Idee wenden sich heute mit Grausen davon ab. Das erfuhren *stern*-Reporter als sie in der gesamten Republik recherchierten. Sie besuchten Arztpraxen und Apotheker, informierten sich bei Krankenpflegern, Krankenkassen und Patienten und unterhielten sich mit vielen Experten. All diese Gruppen, die sich sonst immer ums Geld streiten, sind sich beim Gesundheitsfonds auf beängstigende Weise einig: Er werde die gesetzliche Krankenversicherung nicht besser machen, sondern nur noch bürokratischer und teurer. Ihr Appell damals an die Politik und Entscheidungsträger: Stoppt den Irrsinn, solange es noch geht. Wie gesagt: der Gesundheitsfond ist seit 2009 in Kraft.

1) Die Märkte und das berufliche Umfeld sind permanenten VERÄNDERUNGEN unterworfen!

2) **Es gibt orts- und branchen-unabhängig KEINEN SICHEREN ARBEITSPLATZ mehr!**

3) Wir können Punkt 1 und 2 nicht verändern. Die daraus resultierende UNSICHERHEIT ist normal und sollte keinesfalls unterschätzt oder gar verdrängt werden.

4) Der UMGANG mit UNSICHERHEIT und/oder unsicheren Situationen kann von JEDERMANN/-FRAU GELERNT werden!

5) Lernen Sie das Jonglieren mit drei Bällen und so spielerisch, aber dafür ganzkörperlich Schritt für Schritt Unsicherheit in Sicherheit zu verwandeln.

6) Bringen Sie sich REGELMÄSSIG und ABSICHTLICH in Situationen, die mit ANGST oder UNSICHERHEIT ÜBERWINDEN zu tun haben.

BallaBalla-Szenarien

Um BallaBalla besser verstehen zu können. Habe ich nachfolgend ein paar konkrete Beispiele für BallaBalla-Situationen beschrieben:

- Politik-BallaBalla
- Umwelt-BallaBalla
- Globalisierungs-BallaBalla
- Wissens-BallaBalla
- Alltags-BallaBalla
- Persönliches BallaBalla

Politik-BallaBalla

Das BallaBalla in der Politik muss angesichts der noch immer peinlichen Diskussionen beim Gesundheits- und Rentensystem nicht großartig erwähnt werden. Seit Jahrzehnten (!) sind in den Bereichen Gesundheit und Rente alle Rahmenbedingungen allen Akteuren klar. Alle wissen, dass nicht die Verteilung, sondern das Maß des Verzichts diskutiert bzw. entschieden werden muss. Wie gesagt, seit Jahrzehnten ein interessantes BallaBalla-Phänomen.
Nicht erst seit PISA wissen Politiker, Lehrer, Schuldirektoren, Eltern und Schüler, dass das deutsche Bildungssystem für alle Beteiligten mehr Stress als Freude auslöst.

Jahrein-jahraus wird diskutiert, offensichtlich nur um nichts zu verändern. Das halte ich auch für BallaBalla-würdig. Das BallaBalla-Ausmaß wird noch intensiver wenn man hört, dass alle (!) Parteien und Politiker das Thema Bildung als zentrales Zukunftsthema betiteln. Auf weitere BallaBalla-Bereiche in der Politik wird aus Zeit- und Platzgründen hier im Buch verzichtet. Schlagen Sie die Tageszeitung auf, dort finden Sie genug BallaBalla-Situationen. Sowohl im Politik- als auch im Wirtschaftsteil.

Umwelt-BallaBalla

- Der Grad der Umweltzertörung wird mit den Jahrzehnten eher größer als kleiner.
- Die fortschreitende Zerstörung der Luft und des Klimas wird mit dem Begriff „Klimawandel" verniedlicht.
- Große Waldbestände werden trotz nachweislicher Klima-Schädigung immer noch gerodet.
- Kernkraft wird den Bürgern immer noch als sichere und preiswerte Energiequelle „verkauft". Zur Zeit wird das Endlager für schwachen und mittelschweren Atom-Müll in Morsleben für ca. 2,2 Mrd. € auf Kosten des Steuerzahlers saniert. Für die Müll-Ablagerung dort wurden von der Energiewirtschaft seinerzeit nur 100 Mio € bezahlt.

Mir und Ihnen fallen zum Thema Umwelt-BallaBalla so viele Themen ein, die mindestens ein Buch füllen würden. Aus diesem Grund verzichte hier auf weitere Beispiele.

Globalisierungs-BallaBalla

Die Welt steht vor gewaltigen Herausforderungen. Das Wissen verfällt immer schneller und ist verfügbarer denn je. Jede beliebige Produktion lässt sich an fast allen Punkten der Erde realisieren. Die Megavolkswirtschaften Russland, Indien, China und Brasilien werden zu riesigen Märkten und lösen enorme Import- und Exportströme aus. Die Kosten für nicht erneuerbare Ressourcen, insbesondere Öl, erreichen neue Höhen, Der Ölpreis hat sich zwischen Mai 2007 und Mai 2008 innerhalb nur eines Jahres exakt verdoppelt! Die Zahl der Wettbewerber wird immer größer, traditionelle Vertriebskanäle funktionieren nicht mehr und neue kommen auf. Die Wünsche der Kunden sind unbeständig wie noch nie. Business-BallaBalla, das sich nicht mehr verändern lässt.

Leichtsinnige Geldpolitik

Die Geldmenge der Welt hat sich in den letzten dreißig Jahren (1978 – 2008) mehr als vervierzigfacht, die Gütermenge nur vervierfacht. Der Dow-Jones-Index verzwölffachte sich seit 1982, das Inlandsprodukt der USA stieg lediglich um den Faktor vier. Eigentlich hätte das viele Geld ja zu einer Inflation führen müssen... hat es aber nicht. Stattdessen sind die Schulden des gesamten

Wirtschaftssystems explodiert. Das globale Finanzsystem ist mittlerweile ein komplexes Kartenhaus von Krediten auf vielen Ebenen, die beim besten Willen nicht mehr zurückgezahlt werden können. Es ist eine Frage der Zeit, bis die Masse der Schulden unter ihrem eigenen Gewicht zusammenbricht. (Quelle: „Der Crash kommt“ - Max Otte – ISBN: 978-3-548-36975-4)

Asien

Seit 1990 hat sich Chinas Anteil am Weltsozialprodukt mehr als vervierfacht, Europas Anteil ist hingegen um 30% gesunken.

Arbeitsmarkt

Binnen weniger Jahre hat sich das weltweite Angebot an ausgebildeten Arbeitskräften von 1,46 auf 2.98 Milliarden Menschen verdoppelt. China verfügt bereits über 1,6 Millionen Ingenieure (2007), die zu völlig anderen Stundensätzen auch für europäische Auftraggeber arbeiten. Jedes Jahr verlässt eine weitere Million die Hochschulen. Die Ingenieure aus Indien vermehren sich jährlich um 400.000. Global gesehen bleibt den deutschen Arbeitgebern nicht anderes übrig als die eigenen Leute vor die Wahl zu stellen: Schlechter bezahlte Jobs oder keine Jobs Die Jobs, die heutzutage wegfallen bzw. wegrationalisiert werden, kommen in dieser Qualität nicht wieder. Ersetzt werden Sie höchstens durch flexible Beschäftigungsverhältnisse, die schlechter bezahlt, weniger geschützt und jederzeit kündbar sind. So wie es aussieht, wird sich das wohl nicht ändern lassen. Ein weiterer nennenswerter Faktor, der für große Unsicherheit auf allen Ebenen sorgt und beste Chancen für BallaBalla-Situationen bietet.

Fehlinformationen in Sachen Staatsverschuldung

In vielen Medien findet man überaus häufig viele Beispiele von Verharmlosung und Fehlinformation in Sachen Staatsverschuldung. Insbesondere verwechseln Journalisten und Politiker immer wieder Gesamtverschuldung mit Neuverschuldung. Dabei fällt die Schlüsselinformation unter den Tisch, dass der gigantische deutsche Schuldenberg ständig (!) weiter wächst, ja, diese Information wird mitunter ins Gegenteil verkehrt! Einige Beispiele:

- **Staatsverschuldung soll sinken** (Diverse Tageszeitungen - 2007)
- **Sinkende Staatsschulden belasten EuroHypo** (Financial Tmes Deutschland - März 2006)
- **Die Staatsschulden sinken** (Diverse Tageszeitungen - August 2005)
- **Im neuen Bundeshaushalt sinken Schulden nur schleppend** (Diverse Tageszeitungen, Juni 2004)
- **Sinkende Schuldenlast** (DER SPIEGEL 2000/26)
- **Einige Länder haben ihre Staatsschulden abgebaut** (Bundesfinanzministerium Dez. 1999)

Die Staatsverschuldung beträgt 1.589.339.548.990 €, das entspricht einer Staatsverschuldung pro Kopf der Bevölkerung (also inkl. Babys, Greise, Beamte, Politiker, Arbeitslose usw.) von 19.258 €.

Schuldenstand (in Mrd. €)

1991	606,6	1997	1.142,7	2003	1.381,0
1992	694,9	1998	1.185,0	2004	1.451,0
1993	778,9	1999	1.224,3	2005	1.521,6
1994	856,9	2000	1.231,1	2006	1.567,0
1995	1.027,7	2001	1.241,5	2007	1.576,3
1996	1.096,2	2002	1.293,0		

Berufs-BallaBalla

Der Fisch fängt immer von oben an zu stinken

Das Arbeiten in Deutschland fällt immer mehr Berufstätigen schwerer. Umfragen der Unternehmensberatung Gallup deuten auf einen Trend zum Frust. 68 Prozent der deutschen Arbeitnehmer geben an, nur Dienst nach Vorschrift zu machen. 20 Prozent sagen, sie haben bereits „innerlich gekündigt". Der wichtigste Grund ist laut Gallup die „schlechte Führung". Eine weitere Studie der Hans-Böckler-Stiftung informiert darüber, dass sich etwa 60 Prozent der Deutschen im Beruf nicht ausreichend gewürdigt fühlen. Und bei einer Online-Umfrage der Jobbörse Stepstone unter 10.000 Europäern klagten 56 Prozent der Deutschen ihre Arbeit würde von ihren Chefs nicht geschätzt. Hingegen gibt es zahlreiche Studien, in denen ca. 80%-90% der Chefs und Führungskräfte das Instrument „Lob" und „Anerkennung" für Mitarbeiter als „sehr wichtig" oder „sehr nützlich" einschätzen. Hier erleben wir wieder echtes BallaBalla. Man weiß, was gut und richtig ist, handelt aber genau entgegengesetzt.

Wissens-BallaBalla

Willkommen in der Desinformationsgesellschaft

Wenn Wissen bedeutet, eine Antwort darauf geben zu können, was und warum etwas ist, dann entwickelt sich das Wissens-BallaBalla derzeit in einem gigantischen Ausmaß. Anders ausgedrückt. Wer heutzutage behauptet, wir leben in einer Wissensgesellschaft oder Informationsgesellschaft, der irrt gewaltig. Es gibt ziemlich starke Argumente und Beweise, dass es genau umgekehrt ist. Wir leben in einer Unwissensgesellschaft bzw. Desinformationsgesellschaft. Warum? Die Zunahme der elektronischen Medien, Internet, Handy usw. sorgen für eine Art Informationsbombardierung, das die Informationsverarbeitung und vor allem die Informationsabspeicherung im Gehirn schwer bis unmöglich fällt. Wenn Wissen eine „mit Bedeutung versehene Information" sein soll, dann sind heutzutage leider die Informationsströme in der Mehrheit, die mehr oder weniger bedeutungslos sind. Schauen Sie in Ihren Briefkasten – zuhause und bei Ihrem eMail-Provider. Der „Müll" nimmt zu – oder? Gerade im eMail-Bereich ist die Entwicklung an Desinformation ziemlich genau zu belegen. Diverse Untersuchungen und Erhebungen gehen davon aus, dass heutzutage 60% bis 80% aller weltweiten verschickten eMails Müll (Spam) sind.

Aber auch grundsätzlich haben Informationen noch nichts mit Wissen oder gar Erkenntnis zu tun. Es gibt zahlreiche

Definitionen für Information, wobei die Definition des amerikanischen Systemtheoretikers Gregory Bateson noch am Besten gefällt, weil auch plausibel ist:

„Information ist irgendein Unterschied, der bei einem späteren Ereignis einen Unterschied macht."

Wenn Sie sich heute oder morgen die Nachrichten im Fernsehen ansehen, erhalten Sie in komprimierter Form die „wichtigsten Informationen des Tages". Nach der o.g. Definition ist die alleinig relevante Information für Sie - und für jeden anderen, der TV-Nachrichten sieht - nur der Wetterbericht. Nur diese Information macht für Sie persönlich einen Unterschied im Hinblick auf ein „späteres Ereignis".

Wissen bedeutet sehr viel mehr als Information: „verstehen", „begreifen" und „erkennen" sind hier die Reizwörter, die mit Wissen zu tun haben. Die hierfür relevanten Informationen müssen aus der riesigen Datenflut erst einmal erkannt und herausgefiltert werden. Das fällt heute schon sehr schwer, und ich befürchte, künftig wird es noch schwerer fallen.

Alltags-BallaBalla

Eyeball-BallaBalla - Informationsmengen machen krank

Das ADS = AufmerksamkeitsDefizit-Syndrom ist bei Kindern bekannt, bei Erwachsenen eher nicht... obwohl es fast alle haben. Wenn man sich die Informationsmengen ansieht, die jeder erwachsene Mensch jeden Tag zu verarbeiten hat, scheint ADS vom Wortstamm her ziemlich genau das vorherrschende Zeitgefühl auszudrücken. Die exponentielle Zunahme von Informationen (eMails, Handy, PC, Web, TV usw.), der jeder heutzutage mehr oder weniger ausgeliefert ist, führt zwangsläufig dazu, dass sich jeder zu wenig beachtet fühlt. Adriano Sack beschreibt in seinem Buch „Manieren 2.0“ den „eyeball war“, den wir alle führen. Nicht um Einschaltquoten und Marktanteile, sondern um Aufmerksamkeit und Liebe.

Sagen Sie nicht, dass Sie nicht betroffen seien. Was tun Sie, wenn Sie Ihr Mobiltelefon vergessen? Bleiben Sie locker und entspannt? Es ist Ihnen völlig egal? Natürlich nicht. „Selbstverständlich“ drehen Sie um und holen es. Eine Untersuchung ging der Frage nach, was Menschen passiert, wenn sie ihr Mobiltelefon vergessen. Drei Prozent erlitten Panikattacken und ein Prozent hatte sogar körperliche Entzugserscheinungen und bekam zum Beispiel Schweißhände. Haben Sie schon einmal etwas von MAIDS gehört? MAIDS steht für Mobile and Internet Dependency Syndrom. Das gibt es wirklich und ist kein Witz ... höchstens ein weiterer BallaBalla-Virus. Von dem BallaBalla-Virus MAIDS sind diejenigen befallen, die ständig auf ihr Mobiltelefon eintippen, sehr oft das Eintreffen neuer Nachrichten überprüfen, obwohl diese durch Licht- oder Tonsignal eigentlich angezeigt werden. Die Experten rätseln noch, ob diese Symptome neue Spielarten bereits bekannter Störungen sind oder als eigenständige Neurose gelten dürfen. In jedem Fall ist es ein Phänomen unserer Zeit, dass weiter beobachtet gehört und mit MAIDS ja auch schon einen eigenen Namen hat.

Diplomaten bestätigen die BallaBalla-Formel: Fehlverhalten + Fehlverhalten = Fehlverhalten²

In der Buchloer Zeitung vom 28.Juli 2008 stand ein interessanter Artikel, der meine BallaBalla-Theorie nicht nur unterstützte, sondern sogar eine weitere BallaBalla-Formel lieferte: Eindeutiges Fehlverhalten plus eindeutiges Fehlverhalten addiert nicht Fehlverhalten, sondern potenziert es. Obwohl keiner (mit gesundem Menschenverstand) das eine oder andere Fehlverhalten akzeptieren kann, ist vorläufig keine „Lösung" in Sicht. Worum geht es:

Im besagten Zeitungsartikel wurde darüber berichtet, dass Diplomaten und deren Familienangehörige fortlaufend gegen Gesetze verstoßen, aufgrund ihrer diplomatischen Immunität dafür nicht belangt werden. „Sie rasen durch die Stadt, fahren betrunken, ignorieren rote Ampeln und parken wo sie wollen." Die diplomatischen Verkehrssünder kommen jedoch immer ungestraft davon, denn die diplomatische Immunität schützt sie vor jedweder Strafverfolgung. Allein in Berlin registrierte die Polizei 12025 Ordnungswidrigkeiten und Straftaten im Straßenverkehr (2007) von Diplomaten und dessen Familie. Die Zahl hat sich in nur drei Jahren verdoppelt. Schlecht bezahlte Botschaftsangehörige armer Länder gehen in Berlins Luxuskaufhäusern regelrecht auf Beutezüge – wissend dass sie die diplomatische Immunität schützen wird. Es ist nicht so, dass die Rechtsverstöße diplomatischen Personals aktenkundig gemacht werden. Im Gegenteil: Die Polizei informiert sogar vollständig über jeden Fall das (zuständige) Auswärtige Amt. Die schärfste mögliche Sanktion wäre es, jemanden zur unerwünschten Person zu erklären, der die Bundesrepublik dann verlassen müsste. So weit komme es aber selten – heißt es. Die Polizei, die Politik und die Justiz wissen seit mindestens 15 Jahren davon. Bisher änderte sich nichts.

Technik-Gläubigkeit fördert Abstumpfung

In jedem Supermarkt und fast jedem anderen Einzelhandelsgeschäft gibt es mittlerweile Scanner-Kassen. Heutzutage zahlen wir also „blind" unsere Waren beim Einkauf. Denn weder die Kassiererin noch wir kennen wirklich den Preis. Der Preis ist ja per Barcode an der Ware angebracht … und dieser Preis wird ja vom Scanner gelesen. Das Einzige was wir noch wahrnehmen ist der Piepton an der Kasse. Ja, wir erhalten einen Kassenbon, dort stehen auch die Preise je Artikel. Wann haben Sie zuletzt den Kassenbon überprüft – Artikel für Artikel? Das Problem ist, dass die Preise nur noch an den Regalen angebracht sind, sehr, sehr selten am Artikel selbst. Eine Überprüfung wäre also nur möglich, wenn Sie die Artikel noch einmal mit dem Kassenbon in der Hand von Regal zu Regal ablaufen würden. Der Manipulation stehen also Tür und Tor offen.

Unterbrechungen während der Arbeit sind der Normalfall

Eine Studie hat ergeben, dass Büroangestellte und Manager im Durchschnitt alle 11 Minuten unterbrochen werden. 25 Min. dauert es, bis man „den Faden" wieder aufnehmen kann. Immer weniger Zeit bleibt, um „in Ruhe" etwas (zu Ende) zu denken, zu bearbeiten. Es fällt zunehmend schwerer, diesem (Zeit-) Druck auszuweichen. Die Folge – insbesondere in den Führungsetagen der Wirtschaft – sind, schlechte, ungesunde Ernährung, viel zu wenig Bewegung sowie daraus resultierende Unzufriedenheit und/oder Gesundheitsschäden. Die meisten wissen, kennen die Problematik, die Wenigsten steuern aktiv dagegen.

Persönliches BallaBalla

Ich will nicht persönlich werden, aber es gibt mindestens ein „Persönliches BallaBalla-Verhalten" bei jedem von uns. Die Betonung liegt nicht auf „eins" sondern auf „mindestens". Fangen wir bei der Ernährung an. Hier hat sich das „Bequemlichkeits-/Verwöhnungs-verhalten" in allen Bevölkerungsschichten durchgesetzt. Kurz gesagt: Wir essen Ungesundes zu falschen Zeiten, in falschen Mengen. Die meisten wissen überhaupt nicht, was eigentlich „gesund" wäre. Mark Twain (1835-1910) sagte einmal: „Die einzige Methode, gesund zu bleiben, besteht darin, zu essen, was man nicht mag, zu trinken, was man verabscheut, du zu tun, was man lieber nicht täte." So schlüssig wie sich das anhört … genau das Gegenteil ist richtig. Hören Sie auf, einen nie enden wollenden Kampf gegen den eigenen Appetit führen zu wollen. Ausgangspunkt einer für eine gesunde Ernährung kann niemals Verzicht und schlechtes Gewissen sein, sondern nur Zufriedenheit und Lebensfreude. „Gesundheit ist weniger ein Zustand als eine Haltung, und sie gedeiht nur mit der Freude am Leben" sagte Thomas von Aquin bereits 1265.

Das Thema „Bewegung“ trifft auf viele, die es zu selten tun. Wenn Sie Raucher sind, sollten Sie sich mal die Frage stellen, welche Gründe <u>für</u> das Rauchen sprechen. Es wird Ihnen schwer fallen – glauben sie mir. Denn Sie müssen bei Ihrer „Liste“ alles weglassen, was aus Ihrer Sicht „schön“ ist. Also nicht Meinungen, sondern Gründe müssten Sie aufschreiben. Wenn Sie mit dem Rauchen aufhören möchten, ist das Nachdenken über das Rauchen – aus meiner Sicht – die zuverlässigste Methode. Setzen Sie sich einmal pro Woche 5 Minuten hin, und überlegen erstens: wie viel Geld habe ich in den letzten 7 Tagen für das Rauchen bezahlt und zweitens: was spricht <u>für</u> das Rauchen. Auch wenn Ihnen nach zwei Wochen nichts mehr an Gründen (!) einfällt, setzen Sie sich bitte hin und errechnen Sie bitte die ausgegeben Euros für das Rauchen. So programmieren Sie Ihr Gehirn – vor allem ihr Unterbewusstsein – in die richtige Richtung: Rauchen ist unsinnig!

Ich könnte hier sicher noch eine Reihe weiterer Bereiche aufzählen, in denen wir schnell unsere persönlichen Defizite erkennen. Fazit: Zu häufig handeln wir verrückt bzw. ohne jeglichen Sinn – nicht selten sogar gesundheitsgefährdend … obwohl wir es eigentlich besser wissen. Das ist das eigentlich Verrückte. Wir wissen um die meisten Dinge, die falsch, ungesund oder verrückt sind … und verhalten uns aber völlig anders.

Spaßfaktor im Beruf wird zukünftig immer wichtiger

Wer heute noch glaubt „Beruf ist Beruf und privat ist privat“, wird in diesen „verrückten Zeiten“ in denen wir leben, früher oder später ernsthafte Probleme bekommen. Das ist meine feste Überzeugung und wird von den meisten Berufstätigen heute – zumindest in Deutschland – völlig falsch oder überhaupt nicht verstanden. Viele glauben heute noch, dass Arbeit „weh“ tun oder doch wenigstens „anstrengend“ sein muss. Sonst ist es keine „normale“ Arbeit.

Viele Leser werden sich auch Fragen, was denn das Thema Beruf unter der Überschrift (Persönliches BallaBalla) zu suchen hat. Das mache ich bewusst, denn Ihre Person bzw. Persönlichkeit prägt Ihren Beruf und wird künftig von Ihrem Umfeld, Ihren Arbeitgebern immer höher bewertet als Ihre fachliche Qualifikation. Egal, was Sie in welcher Branche zurzeit tun. Man muss heute kein großartiger Prophet sein, wenn man behauptet, dass mind. 75% der arbeitenden Bevölkerung in den nächsten zehn Jahren sein Arbeitsplatz verlieren oder wechseln wird. Hinzu kommt, dass die Menschen künftig immer länger arbeiten müssen. Das mag bitter sein, aber der Trend ist nicht mehr zu stoppen: Die Menschen arbeiten länger und in immer häufiger wechselnden Arbeitsumgebungen bzw. Arbeitgebern. Diese beiden Gründe allein wären schon Grund genug, den Spaßfaktor bei der Berufswahl zumindest zusätzlich – aber aktiv - mit einzubeziehen. Die größte Schwierigkeit bei den meisten Menschen ist aber genau diese Frage: “Welcher Beruf, welche Tätigkeit macht mir

Spaß, über ich mit Freude aus?" Noch einen Tick schwieriger ist die Frage: „Warum macht mir dieser oder jener Beruf am meisten Spaß?". Mit dieser Frage sollten Sie aber beginnen bzw. suchen Sie zuerst nach den Gründen, welcher Beruf, welche Aufgabe Ihnen Spaß machen könnte. Ich höre schon viele Leser sagen: „Na der hat gut reden, irgendwie muss ich meine Miete usw. bezahlen". Ja, ich weiß, solche Fragen „Spaß/Freude im Beruf" machen Mühe und klingen auch realitätsfern. Doch so eine Frage ist viel näher an der Realität als Sie vielleicht glauben.

- Im Beruf verbringen wir mindestens ein Drittel – eher mindestens 40% unserer Lebenszeit.
- Es gibt heutzutage keine sicheren Arbeitsplätze mehr.
- Das Thema Unsicherheit, Veränderung wird branchen- und ortsunabhängig zunehmen.
- Lebenslanges Lernen im Beruf ist Pflicht.
- Das Mindestmaß an Unternehmer-Erwartung ist selbständig denkende/handelnde und motivierte Mitarbeiter.

Auch wenn es schwer fällt, Sie müssen eher früher als später den Spaßfaktor bei Ihrer Berufstätigkeit näher untersuchen... wenn Sie künftig weiter am Arbeitsleben teilhaben möchten.

BallaBalla-Strukturen und –Systeme

In diesem Kapitel versuche ich darzustellen, dass bestimmte Strukturen und einzelne Verhaltensweisen von Menschen einem grundlegenden System folgen, das „automatisch“ Unsinn bzw. zwangsläufig BallaBalla produziert. Das Emotionale im Menschen ist insbesondere bei schwierigen Entscheidungen immer stark beteiligt. Hier wird vom Einzelnen gerne und oft gegen die Vernunft entschieden. Dies kann man vor allem in Wirtschaft und Verwaltung immer wieder beobachten. Auch gut gemeinte Wirtschaftstheorien und Management-Philosophien scheitern genau daran, dass der Mensch irrational handelt. Die meisten Wirtschaftstheorien scheitern schon im Ansatz, weil sie davon ausgehen, dass der Mensch ein logisch-, rational-, vernunftgesteuertes Wesen ist. Einige Theorien sind noch wagemutiger und setzen die Annahme voraus, dass jeder Mensch genaue Präferenzen hat und diese dauerhaft stabil bleiben. Das alles ist BallaBalla! Die Theorien setzten beim Menschen mathematische Rationalität voraus, wo keine ist. Jeder Mensch plant, denkt und agiert anders in verschiedenen (Lebens-)Situationen. Wenn man genau hinsieht, sind wir Menschen nichts anderes, als eine große Masse, erregbarer Individuen, die gerne jedem aktuellen Trend hinterherläuft.

Das System Marktwirtschaft wird von der Mehrheit nicht verstanden

Um es noch einmal zu wiederholen: Die Wirtschaft wird im Wesentlichen von Lustimpulsen und Hammelherdenverhalten getrieben. Nicht erst seit heute und nicht nur in Deutschland. Die meisten Leser haben es sicher schon einmal im Privat- oder Geschäftsleben erlebt, dass ein Mensch sich in Stress-Situationen in Sekundenbruchteilen zu einem völlig anderen Menschen entwickelt und auf dieser „neuen Basis" seine Entscheidungen trifft. Wenn Sie so etwas noch nicht erlebt haben sollten, so ist es doch sicherlich gut vorstellbar – oder?

Erschwerend kommt hinzu, dass das „System" des Wirtschaftslebens den meisten Menschen nicht bekannt oder egal ist, obwohl sie selbst wesentlicher Bestandteil darin sind. Schon bei der Grundsatzfrage hat man Schwierigkeiten für eine allgemein gültige Antwort:

Ist Wirtschaft zum Wohlergehen der Gemeinschaft gedacht oder als Kampffeld für den Einzelnen?

Die Frage lässt sich nicht standardmäßig, pauschal beantworten. Es ist natürlich ein bisschen von beidem und je nach Situation und Zeitpunkt überwiegt mal das Eine und mal das Andere. Es berührt aber in jedem Fall den Kern des Wirtschaftslebens und jeder wird diese Frage für sich früher oder später beantworten. Da die Zukunft in globalisierten Zeiten eher ungewiss bleiben wird, ist unser Gefühl, unser Bauch das maßgebliche Entscheidungsinstrument im Wirtschaftsleben. Nicht der Verstand.

Fühlen wir uns zuversichtlich oder ängstlich? In wirtschaftlich guten Zeiten, bei einem Aufschwung, fühlen viele Menschen Zuversicht und handeln auch entsprechend gelassen und/oder mutiger als in wirtschaftlich schlechteren Zeiten. Bei einem Abschwung oder während der aktuellen Finanzkrise (2008/2009) sind die Menschen eher ängstlich. Man agiert vorsichtig und betont deutlich mehr die Gemeinschaft, ist mehr als sonst auf der Suche nach Sicherheit. Die Charaktereigenschaften eines Menschen sind ebenfalls maßgeblich entscheidend für unser Verhalten. Jemand, der von Grund auf eher optimistisch denkt, erlebt eine Wirtschaftskrise völlig anders, als jemand, der von seinem Wesen her mehr auf Sicherheit bedacht ist und ständig auf der Hut ist, dass irgendetwas passieren könnte.

Die verzögernde Wirkung von Wirtschaftssystemen wird immer unterschätzt, vor allem von Chefs

Bereits im Jahr 1928 publizierte Arthur Hanau seine Dissertation „Die Prognose der Schweinepreise". Der sogenannte Schweinezyklus ist ein gutes Lehrbeispiel für das Zusammenspiel von Angebot und Nachfrage. Dort wird beschrieben, dass sich Bauern in Zeiten hoher Schweinepreise auf diese Marktsituation „einstellen", in dem sie mehr Schweine züchten. Sie kaufen mehr Jungsauen als üblicherweise zu, damit die Preise weiter steigen. Einige verkaufen keine weiblichen Schweine mehr an andere, das verknappt das Angebot weiter, so dass die Preise für Schlachtschweine weiter steigen. Die Kühlhäuser leeren sich zunehmend. Die Inhaber der Kühlhäuser wittern

Geschäft angesichts der großen Nachfrage. Sie spekulieren ein wenig. Das treibt die Preise noch weiter hoch. Obwohl die Verbraucher seufzen, kaufen sie noch eine Weile weiter Schwein, bevor sie auf Huhn oder etwas anderes umsteigen. Bei vielen Spekulations-Schweinebauern werden nun mehr Ferkel geboren, was nun allerdings das Futter verteuert, weil nicht so viel Futter produziert worden ist. Die Zucht wird teurer, weil die Futterpreise steigen. Während das ein paar Monate dauert, haben die Verbraucher mittlerweile die Lust am Schwein verloren. Es wird weniger Schweinefleisch gegessen. Da nun viel zu viele Schweine auf dem Markt sind, fallen die Preise sofort. Die Kühlhäuser füllen sich wieder, die Bauern laufen Gefahr, Verluste zu machen, weil sie a) zu viele Schweine und b) teures Futter eingekauft haben. Die Preise fallen immer schneller, die Bauern vermeiden Schweine zu züchten, weil keiner sie kauft und das Futter so teuer ist. Wenn das Schweinefleisch extrem preiswert geworden ist, kaufen die Verbraucher wieder vermehrt Schweinefleisch. Wenn der Schweineberg weggegessen wurde, steigen natürlich die Preise wieder. Die Bauern wundern sich … freuen sich aber. Sie züchten wieder Schweine und starten den Schweinezyklus erneut.

Da jeder Bauer bei jeder Schwankung für sich seine Chancen nutzen bzw. maximieren möchte, sind diese Zyklen unvermeidlich. Die Zyklen können sich sogar durch unvernünftige Gier und nachfolgende Depression weiter verschärfen. Eine verschwindend geringe Menge von Marktteilnehmern, die „sehr schlau“ sein möchte, reicht dabei völlig aus, um eine gehörige Portion Unruhe zu verursachen.

Bier-Spiel – ein Unternehmensplanspiel

Das Bier-Spiel ist das weltweit bekannteste Unternehmensplanspiel, das die Herstellung und den Vertrieb von Bier von der Produktion in Brauerei bis zum Verkauf an den Endkunden simuliert. Es wurde in den sechziger Jahren an der MIT Sloan School of Management entwickelt, um zu untersuchen, inwieweit die Strukturen eines Systems dessen Verhalten beeinflussen. Die Bier-Distributionskette läuft über vier hintereinander geschaltete Glieder von der Brauerei über den Distributor, Großhändler bis zum Einzelhändler, der den Endverbraucher (Konsumenten) beliefert. Das Ziel des Spieles ist einfach: jedes Glied in der Distributionskette versucht, bei seinem vorgeordneten Lieferanten gerade so viel zu bestellen, dass die Nachfrage seines Kunden gedeckt werden kann. Über einen Zeitraum von simulierten 30-50 Wochen ist in jeder Woche (Spiel-Runde) genau eine Entscheidung zu treffen: Wie viel Bier soll bestellt werden? Jede gelagerte Kiste verursacht Lagerkosten von € 1,- pro Woche; jede nicht lieferbare Kiste verursacht doppelt so

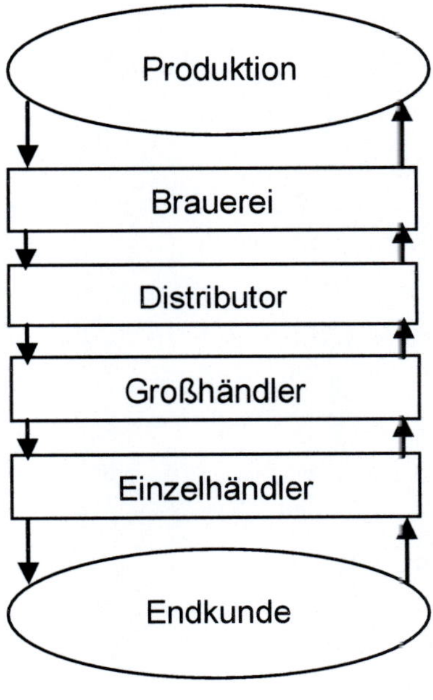

hohe Fehlmengenkosten von € 2,- pro Woche. Da gilt es, einerseits das Lager möglichst gering zu halten und dennoch Lieferrückstände auf jeden Fall zu vermeiden.
Hinter dem Bier-Spiel steckt ein handfestes Problem unserer modernen Wirtschaft: die optimale Verteilung von Produkten von der Fabrik bis zum Endkunden gelingt einfach nicht! Die unvermeidlichen Verzögerungen zwischen Bestellung und Lieferung machen die Distributionskette zu einem sehr sensiblen System, das in der zeitlichen Dynamik sehr leicht aus den Fugen gerät. Obwohl der Endverbrauch sich kaum ändert, sind speziell die Brauerei und der Distributor oft mit massiven Schwankungen in der Nachfrage konfrontiert. Phasen von massiven Fehlbeständen werden von Phasen mit massiv überhöhten Lagerbeständen abgelöst. Das liegt daran, dass alle Bestellungen auf jeder ihrer Stufen Zeit brauchen, genauso wie die Beschaffung des Bieres. Wenn man also etwas im Spiel bestellt, wird erst vier Wochen später geliefert. Die Spieler sehen jeweils nur, was bei ihnen an Käufen oder Bestellungen hereinkommt. Wie beim Schweinezyklus, hat die lokale Information fatale Folgen. Das eigene Lager ist fast leer, also wird die doppelte Menge bestellt, um die Nachfrage zu befriedigen. Da die Lieferungen verzögert (4 Wochen) eintreffen, werden die Kunden entsprechend sauer und ärgerlich. Das macht den Händler nervös und er bestellt noch mehr Bier für sein Lager. Diese überhöhten Bestellmengen zeigen ihre Wirkung beim Großhändler. Schnell werden dort die Lager leer und er ordert ebenfalls mehr als eigentlich nötig. Wie im normalen Leben, sehen die Spieler bzw. Großhändler, Einzelhändler etc. nur sich selbst. Sie denken nicht über das

System nach. Nur aus reiner Ungeduld und Ärger wird mehr bestellt. Der Erfinder des Spiels Peter Senge berichtete in seinem Buch „Die fünfte Dimension“ von Spielrunden, in denen Einzelhändler bis zu 40 Kisten pro Woche orderten, obwohl Woche für Woche nur acht gekauft wurden.

Strukturen und Systeme können Fehlentscheidungen auslösen

Im Anschluss an das eigentliche Spiel wird die Situation in einem De-Briefing aufgearbeitet. Die Teilnehmerinnen und Teilnehmer erkennen erstaunt, dass es keine bösen äußeren Kräfte waren, die das Distributionssystem so aus den Fugen geraten ließ – nein, es war das eigene, scheinbar logisch-vernünftige Verhalten, das die Turbulenzen verursachte. Die im Bier-Spiel beobachtbaren massiven Schwankungen in der Nachfrage sind auch in der Praxis zu beobachten. Nicht nur beim Bier-Geschäft. Wie einleitend angeführt, ist dieses Bier-Spiel weltweit seit ca. 50 Jahren bekannt. Es ist offensichtlich noch kein Grund, praktische Lehren daraus zu ziehen.

Das Bier-Spiel gibt es als Online-Spiel im Internet:
www.beergame.lim.ethz.ch oder
www.gatho.de/Bierspiel/INTRO_D.HTM

Systeme funktionieren rational, der Mensch handelt irrational

Sicherlich haben Sie es auch schon erlebt, dass ein überholender LKW in kritischer Verkehrslage die Situation für alle anderen unnötig verschlechtert bzw. das Fahrtempo für alle enorm drosselt. Einige wenige Ladendiebe sorgen dafür, dass Videokameras in fast allen Läden installiert werden. Ein paar wenige Fußballrowdies erzwingen einen Polizeieinsatz mit mehreren hundert oder tausend Einsatzkräften. Immer sind es Einzelne, die dafür sorgen, dass eine Mehrheit darunter leidet. Der Einzelne in dieser Mehrheit ist in der Regel machtlos.

Ungeduld kann gut laufende Systeme kaputt machen

Ebenfalls ein kleines, aber gutes Beispiel wie „Ökonomie" funktioniert, zeigt das Fahrstuhl-Beispiel. Ich habe schon häufig in Hotels erlebt, dass Hotelgäste - vor dem Fahrstuhl wartend - im Sekundenbereich ungeduldig werden und neben der „Hinunter"-Taste auch die „Hoch"-Taste drücken. Es ist aus mathematischer Sicht völlig unsinnig, beide Tasten zu drücken. Entweder ist ein Aufzug frei, dann wird er zur gewünschten Etage kommen. Wenn Sie die zweite Taste drücken, dann hält der Aufzug zusätzlich an einer unnötigen Stelle, denn der Fahrstuhl fährt ja in die – für ihn - falsche Richtung. Auch das habe ich erlebt, dass Menschen sich dann im Fahrstuhl aufregen, weil sie aus Nervosität die andere Taste gedrückt haben und vor lauter Anspannung übersehen haben, dass der Fahrstuhl in die für Sie falsche Richtung fährt. Wenn auf mehreren

Etagen viele Hotelgäste aus Ungeduld sowohl die „Hinunter“ als auch die „Hoch“-Taste drücken, arbeiten die Fahrstühle in vielen Fällen wirklich unsinnig, weil sie mit den Anforderungen überfordert sind. Potenziert wird dieses Problem, weil nicht Wenige erst dann die zweite Taste drücken, wenn sie den Eindruck haben, dass die Fahrstuhl-Anlage bereits überlastet ist. Das ist natürlich besonders ungeschickt, um nicht zusagen: wirklich dumm! In einer ruhigen Minute erklärt, ist allen die Situation klar. Es ist so lange klar, bis sie vor einem Fahrstuhl stehen und der Fahrstuhl – aus Ihrer Sicht – „einfach nicht kommen will“. Zack ist es passiert: Sie drücken auch noch die andere Taste … und verschlimmern das Problem… für alle anderen, die warten, gleich mit. Sie sehen, ein wenig Ungeduld und Nervosität von einigen Wenigen reicht völlig aus, um ein gut funktionierendes System zu überlasten bzw. zusammenbrechen zu lassen.

Die Welt unserer Vorstellungen gaukelt uns eine Vorstellung von der Welt vor

Das moderne Leben hat unser Zeitgefühl auf so grundlegende und paradoxe Weise verändert, dass wir keine Zeit mehr haben, gründlich etwas zu durchdenken. Unsere Welt unserer Vorstellungen ist geprägt von Unvollständigem und Unwägbarkeiten. Dabei ist nicht klar, ob es daran liegt, dass wir mehr in jede Stunde packen oder dass die anderen mehr in jede Stunde zu packen scheinen. Aus einer Unmenge von Gründen geht alles viel schneller und passiert viel mehr als noch vor wenigen Jahren. Das Tempo nimmt zu. Jede nicht produktiv genutzte Minute in der Bahn oder in der Wartehalle eines Flughafens kommt vielen Geschäftsleuten heutzutage als verpasste Gelegenheit vor. Die Anzahl der Laptops, Blackberrys und PDA's in der Bahn, in Flugzeugen/Flughäfen oder Restaurants/Cafés nimmt seit Jahren stetig zu. Alles verändert sich ständig. Und schließlich können wir immer mehr und in immer kleineren Zeiteinheiten messen. Von Flugmeilen bis zu Kalorien (Kohlenhydraten und Fettgrammen), von Freunden bis zu den Schritten auf einem Laufband, von Börsenkursen bis zu Millionen verzehrten Burgern, zählen wir Dinge nach Minuten und Sekunden. Die Folge davon ist, dass sich das auch auf unser Denken und Planen auswirkt. So orientieren sich Unternehmen an kurzfristigen Erfolgen, Politiker an Wahlen, Schulen an Testergebnissen, die meisten von uns am Wetter, statt am Klima. Jeder weiß um die großen Probleme, bleibt aber ganz dem Hier und Jetzt verhaftet. Das BallaBalla-Ergebnis: Unsere Welt der Vorstellung bleibt unreflektiert und entwickelt sich so zur Vorstellung von der Welt.

Beim Autofahren, Unternehmen-Managen oder Fahrstuhl-Fahren gibt es in den allermeisten Fällen eine Lösung für das Ganze. Doch die Wenigsten kennen sie oder kümmert es und die meisten meinen, keine Zeit dafür zu haben. Fatal ist, dass das Wissen um das Optimale überhaupt nicht hilft, wenn einige Wenige eine „Abkürzung" versuchen oder ihre Ungeduld mit einer unsinnigen Handlung versuchen, zu kompensieren. Sie wissen jetzt, dass Sie nur eine Taste am Fahrstuhl drücken dürfen, wenn Sie den schnellsten Weg nach oben oder unten wünschen. Was nützt dieses Wissen Ihnen, wenn andere

Menschen auf den anderen Etagen beide Tasten drücken? Nichts.

Je mehr Menschen an einer Sache beteiligt sind (Autobahn, Unternehmen, Fahrstuhl usw.), umso mehr hängt das System von der durchschnittlichen Intelligenz aller ab. Nicht mehr von Ihrer eigenen!

Konsequenz: Ein Unternehmer kann nicht alleine weise wirtschaften, wenn die Mehrheit – in manchen Fällen sogar nur einige Wenige – einfach irrational handeln. Ein echtes Struktur-BallaBalla, dessen Wirkung wir in vielen Situationen gerne unterschätzen.

Vom „Viel für Wenig" zum „Das Meiste für das Wenigste"

Zu allen Zeiten wurde in der Wirtschaft betrogen, geleugnet, übertrieben, veruntreut, geschmiert. Das wird sicher nicht bestritten. Auffällig aber ist, dass diese negativen Verhaltensweisen in Krisenzeiten mehr oder weniger als legaler Sport betrieben werden. In der Not kämpft jeder für sich um das Überleben. „Jeder schaut wo er bleibt". Und alle finden das normal und die meisten machen auch mit. Jeder versucht, sehr viel Leistung für sehr wenig Geld zu bekommen. Ich rede nicht von „Geiz ist geil" – wirklich nicht. Ich rede von den alltäglichen Dingen, dass die Bereitschaft für DIENSTleistungen zu zahlen immer stärker abnimmt. Keiner will beim Arzt, Buchhändler, Auto- oder Möbelverkäufer Geld für Beratungsleistungen ausgeben, obwohl sie tatsächlich erbracht

wurden. Wir ärgern uns aber darüber, dass diese Kosten in den Produktpreisen vom Anbieter mit „versteckt" werden. Ein wenig BallaBalla – oder?
In der Wirtschaft zählt Erfolg auch zum (Über-)Leben. Also wird auch schon bei der Gefährdung von Erfolg getrickst oder geschummelt. Das vermeintlich „Normale" hat allerdings fatale Folgen!

Ehrlichkeit verliert an Wert

In einem Markt, in dem die Anbieter ähnlicher/gleicher Produkte intensiv die Produktqualität ihrer Waren anpreisen (vorgaukeln), werden die guten Angebote aus dem Markt gedrängt. Zwar will jeder die guten Angebote haben und jeder sucht gute Angebote – aber wegen des Misstrauens im Markt über die tatsächliche Güte des Angebotes ist niemand bereit, den vollen Preis zu zahlen, wie er ohne Misstrauen gerechtfertigt wäre. Deshalb ziehen sich die guten Angebote vom Markt zurück, weil sie mit Verlusten rechnen. Die schlechten „Zitronen" bleiben natürlich da, weil sie immer noch gute Gewinne abwerfen. (George A. Akerlof veröffentliche 1970 einen Artikel mit dem Titel „Der Markt der Zitronen – Marktmechanismen bei unsicherer Qualität" – Gemeinsam mit Michael Spence und Joseph E. Stiglitz bekam Akerlof dafür 2001 den Nobelpreis für Wirtschaft verliehen (Analyse von Märkten mit asymmetrischen Informationen)). Ein weiterer Beleg dafür, dass das Emotionale und nicht das Rationale ausschlaggebend für die Entscheidung ist. Das „gefühlte" Vertrauen bzw. Misstrauen ist die treibende

Kraft, nicht die tatsächliche Produktqualität. Ein klares System-BallaBalla.

Die aktuelle Finanzkrise (2008/2009) verstärkt die „gefühlte" Legalität von „unsportlichem" bis gesetzeswidrigem Verhalten. Die finanziellen Folgen für den Einzelnen bzw. für Betroffene sind schon hart genug. Weitaus größeren Schaden richtet aber die „Wut im Bauch" beim Normalbürger an, wenn er hört,

- … dass der Vorstandsvorsitzende der Hypo Real Estate-Bank mehr als 4 Millionen € Gehaltszahlungen für die Jahre 2009 – 2013 gerichtlich einklagen möchte, obwohl er der Hauptverantwortliche für den Zusammenbruch der Bank im Jahre 2008 ist. Der Staat hat bis März 2009 etwa 102 Milliarden Euro Kredite und Bürgschaften in die Bank gesteckt, um einen Zusammenbruch zu verhindern.

- … dass Bankvorstände nur vom Aufsichtsrat angezeigt werden können - nicht vom Normalbürger -, bevor die Staatsanwaltschaft aktiv wird. Dies scheint gesetzlich so geregelt!

- … dass Vorstände von Landesbanken im Amt bleiben; obwohl sie fortlaufend „pflichtwidrig" gehandelt haben und – nur in Bayern – 800 € Mehrverschuldung pro Kopf bzw. bundesweit 296 € je Sekunde – verursacht haben.

- … dass eine Milliardärin (Frau Schäffler) von der Schäffler/Continental-Gruppe vom Staat finanzielle Unterstützung für das Unternehmen fordert.

- … das es immer noch kein Gesetz gibt, dass das Zocken an Spieltischen oder Börsen mit geliehenem bzw. fremden Geld unter (harte) Strafe stellt.

Diese „Bilder“ veranlassen unter anderem den „kleinen Mann auf der Straße“ noch egoistischer und rücksichtsloser zu werden. Die „Die-da-oben-Mentalität“ wird geprägt bzw. enorm verstärkt. Der damit wirtschaftlich angerichtete Schaden an „legal geglaubter“ Steuerhinterziehung, Schwarzarbeit, Betrug usw. wird ein Vielfaches von dem sein, was uns die Finanzkrise ohnehin kostet.

Milliardenweise Nutzung von Online-Videos im Web

Große Steigerungsraten beim Online-Video-Konsum und ein riesiges Angebot frei verfügbarer Video- und TV-Inhalte im Internet könnten dem Web-TV bald zum endgültigen Durchbruch verhelfen, so eine Studie von Roland Berger Strategy Consultants. 2007 wurden in den USA 66 Prozent mehr Videos über das Internet abgerufen als im Vorjahr. Insgesamt wurden über 10 Milliarden Videos über das Internet angesehen, in Deutschland liegt die Zahl bei 2,1 Milliarden. Computer, TV und Handybildschirm werden in Zukunft eine vergleichbare Bedeutung einnehmen, dabei allerdings individuelle Herausforderungen an die Inhalte stellen. So müssen, allein schon aufgrund der Bildschirmgröße, an das Endgerät angepasste Angebote erstellt werden.

Das Maslow'sche Bedürfnis-Modell wird in der Praxis eindrucksvoll widerlegt

Die Maslow'sche Bedürfnispyramide (eigentlich: Bedürfnishierarchie) beruht auf einem vom US-amerikanischen Psychologen Abraham Maslow 1943 veröffentlichten Modell, um Motivationen von Menschen zu beschreiben.

Hierarchie der Bedürfnisse nach Maslow

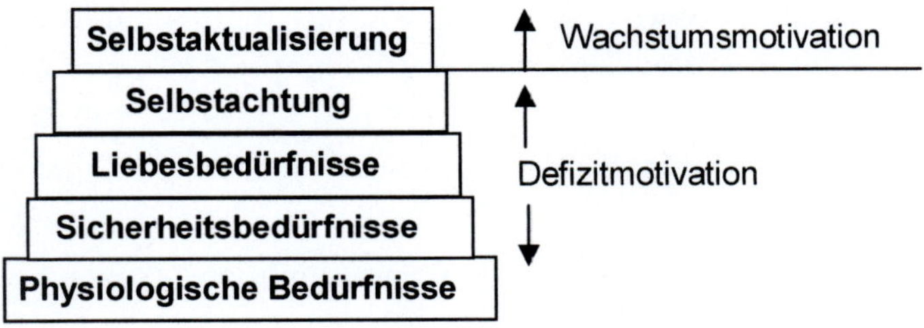

Die menschlichen Bedürfnisse bilden die „Stufen" der Pyramide und bauen dieser eindimensionalen Theorie gemäß aufeinander auf. Der Mensch versucht demnach, zuerst die Bedürfnisse der niedrigsten Stufe zu befriedigen, bevor die nächste Stufe zum neuen und stärkeren Bedürfnis wird. Ein starkes Bedürfnis erhöht die Motivation, es zu befriedigen. Maslow gilt als der wichtigste Gründervater der Humanistischen Psychologie, die eine Psychologie seelischer Gesundheit anstrebte und die menschliche Selbstverwirklichung untersuchte. Sein Gesamtwerk war wesentlich weitreichender als das hier dargestellte Modell, obwohl diese einfache Darstellung ihn sehr bekannt gemacht hat.

Beispiele für die 5 Stufen der Pyramide:

1. **Körperliche Existenzbedürfnisse**: Freiheit, Atmung, Schlaf, Nahrung, Wärme, Gesundheit, Wohnraum, Sexualität.
2. **Sicherheit**: Recht und Ordnung, Schutz vor Gefahren, fester Arbeitsplatz, Absicherung.
3. **Soziale Beziehungen (Anschlussmotiv)**: Familie, Freundeskreis, Partnerschaft, Liebe, Intimität, Kommunikation.
4. **Soziale Wertschätzung**: Höhere Wertschätzung durch Status, Respekt, Anerkennung (Auszeichnungen, Lob), Wohlstand, Geld, Einfluss, private und berufliche Erfolge, mentale und körperliche Stärke.
5. **Selbstverwirklichung**: Individualität, Talententfaltung, Perfektion, Erleuchtung.

Die unteren drei Stufen in der Pyramide (und auch Teile der vierten) nennt man auch **Defizitbedürfnisse**. Diese Bedürfnisse müssen befriedigt sein, damit man zufrieden ist, aber wenn sie erfüllt sind, hat man keine weitere Motivation, diese zu befriedigen (wenn man nicht mehr durstig ist, versucht man beispielsweise, nicht mehr zu trinken), weil es mit jedem Glas mehr eher negativ wirkt (Übelkeit usw.). Soweit die Theorie.

In der Praxis ist das häufig völlig anders. Insbesondere in der westlichen Welt, wo fast alle Menschen die Stufen 1-4 mehr oder weniger mehrere Jahre lang vollauf ausleben und genießen konnten, erleben wir eher Stagnation bzw.

Rückschritte, wenn wir im Bild der Maslow'schen Hierarchie bleiben. Die Stufe 5 (Selbstverwirklichung, Talententfaltung, Perfektion usw.) ist für die Mehrheit uninteressant, obwohl sie jahrzehntelang die Stufen 1-4 „abgehakt" haben müssten. Anstelle von Stufe 5 mögen viele Menschen lieber mehr von Stufe 4 (Wohlstand, Geld, Einfluss, Macht usw.), noch mehr von Stufe 3 (Soziale Beziehungen, Freundeskreis usw.) und noch viel mehr Stufe 2 (Absicherung, sicherer Arbeitsplatz usw.). Selbst von der Stufe 1 (Nahrung, Freiheit usw.) bekommen viele Menschen offensichtlich nicht genug. Übergewichtige in der westlichen Welt sind der „Normalfall" und die Zahl der Übergewichtigen steigt seit Jahren kontinuierlich. Marktführer im Bereich der Übergewichtigen ist USA. Zwei von drei Amerikanern sind zu dick - Tendenz immer noch steigend. Angeblich bewegt die amerikanische Gesellschaft nichts so sehr wie das Thema Übergewicht. In einem Land, in dem weit mehr als die Hälfte der Bürger mit kräftiger Wampe oder faltigem Doppelkinn fertig werden muss, vergeht kaum ein Tag ohne neue Berichte von der Front gegen das allgemeine Übergewicht. Angesichts enormer Folgekosten vor allem für die Gesundheit drängt die US-Regierung Restaurants dazu, mehr kleinere und gesündere Menüs anzubieten. Das widerspricht der Maslow'schen Theorie fundamental. Viele Amerikaner würden sogar lieber zehn Jahre eher sterben, als fett zu sein. Das ergab eine Umfrage des Zentrums für Ernährung und Übergewicht an der Yale-Universität (Connecticut). 46 Prozent der über 4.000 Befragten würden demnach zumindest ein Lebensjahr opfern, um vor Übergewicht geschützt zu sein, 15 Prozent sogar bis zu zehn

Jahre. Auch das passt so gar nicht in eine an sich „vernünftige“ Theorie von Abraham Maslow. BallaBalla ist stärker als Vernunft. Der Begriff Defizitmotivation gewinnt hier offensichtlich eine völlig neue Bedeutung bzw. wird ins Gegenteil verkehrt. Die Stufe 1 (Beispiel Nahrung) wird von vielen Menschen dauerhaft als defizitär empfunden und sorgt für dauerhafte Motivation, immer wieder Nahrung zu sich zu nehmen.

Kinder finden Bildschirm interessanter als Gesichter!

Kinder können vom TV-Gerät derart vereinnahmt werden, dass sie lieber eine leere Mattscheibe anstarren als ein menschliches Gesicht - so das Ergebnis einer britischen Studie. Die Forscher der Universitäten in Stirling und Glasgow haben 34 Fünfjährigen, 25 Achtjährigen und 34 Erwachsenen auf einem Computermonitor Bilder gezeigt, auf denen Gesichter neben Spielzeug und Alltagsgegenständen zu sehen waren. Wie auf Grundlage früherer Studien zu erwarten war, haben alle Teilnehmer zuerst die Gesichter angeschaut. Im zweiten Experiment lief es jedoch gänzlich anders: Nun zeigten die Wissenschaftler 143 Kindern ein abgeschaltetes Fernsehgerät neben den Gesichtern - und die Kinder fanden das TV-Gerät offenbar attraktiver. Die Forscher forderten die Kinder auf, so schnell wie möglich auf eine Taste zu drücken, wenn sie eine Tafel Schokolade auftauchen sahen. Die meisten der Sechs- bis Achtjährigen reagierten am schnellsten, wenn die Schokolade hinter dem Fernseher auftauchte. Die Forscher schließen daraus, dass die Kinder das Gerät bereits im Blick hatten. Nur die Fünfjährigen hätten schneller reagiert, wenn die Schokolade hinter dem Gesicht erschienen sei. Markus Bindemann von der University of Glasgow: "Gesichter sind wichtige soziale Reize", sagte Bindemann der Londoner "Times". "Es ist überraschend, dass Kinder lieber einen Fernseher anschauen." Soziales Verhalten hänge zu einem großen Teil von der Fähigkeit ab, sich in andere Menschen zu versetzen, indem man ihre Gesichter lese. "Wenn man nur auf eine Kiste starrt, kann man keinen echten Kontakt aufbauen", so Bindemann.

1) Die Märkte und das berufliche Umfeld sind permanenten VERÄNDERUNGEN unterworfen!

2) Es gibt orts- und branchen-unabhängig KEINEN SICHEREN ARBEITSPLATZ mehr!

3) Wir können Punkt 1 und 2 nicht verändern. Die daraus resultierende UNSICHERHEIT ist normal und sollte keinesfalls unterschätzt oder gar verdrängt werden.

4) Der UMGANG mit UNSICHERHEIT und/oder unsicheren Situationen kann von JEDERMANN/-FRAU GELERNT werden!

5) Lernen Sie das Jonglieren mit drei Bällen und so spielerisch, aber dafür ganzkörperlich Schritt für Schritt Unsicherheit in Sicherheit zu verwandeln.

6) Bringen Sie sich REGELMÄSSIG und ABSICHTLICH in Situationen, die mit ANGST oder UNSICHERHEIT ÜBERWINDEN zu tun haben.

BallaBalla im Business

In diesem Kapitel werden die BallaBalla-Situationen im Business beschrieben und kommentiert. Es ist nicht ohne Grund ein großes Kapitel in diesem Buch. Die Geschäftswelt ist mittlerweile von einem fiesen BallaBalla-Virus infiziert, der sich seit Jahrzehnten ungehemmt ausbreitet und enorme Auswirkungen hat. Auf die Unternehmenslenker, die Führungskräfte, die Konsumenten und die Wirtschaft insgesamt. Es gibt mittlerweile Situationen die so verrückt, so BallaBalla und unvorstellbar sind, dass sogar das Gehirn aussetzt bzw. sofort auf Verdrängung schaltet. Beispiel: Schulden. Nicht unsere eigenen (kleinen) Kredite. Ich meine in diesem Fall die Staatsverschuldung. Deutschland hat insgesamt

1.589.339.548.990 € = 1,589 Billionen
(bzw. 1.589 Milliarden) Schulden

(Stand Dez. 2007 – also noch vor der Finanzkrise!)

Allein durch die Zinsen, wird diese Summe nie (ja wirklich: nie!) rückzahlbar.

500 € pro Sekunde - 100 Jahre lang - und kein Ende

Stellen Sie sich vor, der Staat schließt eine Allianz mit einem Großteil aller Wohlhabenden in Deutschland, um die Staatsschulden ernsthaft zurück zu zahlen. Nach kurzem Überfliegen der Schuldenlast, erstellt eine Expertenkommission einen ersten Vorschlag, damit alle ein Gefühl für die Dimension bekommen. Der Vorschlag lautet: zahlen Sie bitte jede Sekunde (!) 500 € oder 30.000 € jede Minute auf das Rückzahlkonto ein. Dies wären 1,8 Mio. € je Stunde, als 43,2 Mio. € pro Tag, also immerhin eine Summe von 1.296.000.000 € je Monat (1,296 Mrd. €)! Da dies zusammengenommen 15,552 Mrd. € sind, müssten wir diese „500 € je Sekunde" über 100 Jahre (!) einzahlen! Nach 100 Jahren bliebe nur noch eine Restsumme von 34 Mrd. übrig. Vorausgesetzt, Deutschland nimmt die nächsten 100 Jahre keine Kredite mehr auf und es wird vor Beginn der ersten Rate ein Zinsstop für mind. 100 Jahre vereinbart. Sie sehen: es ist im höchsten Maße BallaBall1a, daran zu glauben oder zu hoffen, dass die aktuelle Schuldenlast irgendwann in die Nähe von „Rückzahlung" gerät. Das ist – aus heutiger Sicht - völlig unmöglich.

Und dennoch wird Deutschland als „reiche Industrienation" bezeichnet – nicht nur bei Entwicklungshilfe-Projekten. In diesem Zusammenhang sei auch auf BallaBalla-Situationen hingewiesen, die so gut wie überhaupt nicht mehr auffallen. Das macht den BallaBalla-Virus auch so gefährlich.

Die Bundesregierung erzählte uns im Frühjahr 2008, dass sie ab 2010 einen „schuldenfreien" Haushalt haben wird bzw. haben könnte. Es wird „Schuldenfreiheit" suggeriert, dass der Staat keine neue Schulden mehr aufnehmen muss – so wie jedes Jahr seit mind. 40 Jahren. Der Witz ist, dass in der Vergangenheit nur die Zinsen zurückgezahlt wurden. Die eigentliche Schuldenlast ist also unverändert! Seit der Finanzkrise ab Herbst 2008 ist die Bundesregierung von diesem „schuldenfreien" Haushalt wieder abgerückt und nahm innerhalb weniger Monate hunderte (!)

Milliarden weiterer, neuer Schulden auf bzw. erteile mehrere hundert Mrd. € Bürgschaften.

Chronisches BallaBalla und Grundübel Nummer 1: Arbeit „belastet“ und Freizeit „befreit“

Arbeit = Frust und Freizeit = Lust. So „logisch“ sich das anhört, so fatal ist es in der Anwendung. Der Grundtenor ist: „Ich gehe zur Arbeit, weil ich dafür Geld bekomme – nicht weil es mir Spaß macht.“ Auch die vielen externen Anreize von Arbeitgebern (Urlaubsgeld, Weihnachtsgeld, Überstunden-Geld usw.) sorgen dafür, dass die Befriedigung am Arbeitsplatz bzw. dass Maß an Freude am Arbeitsplatz keinerlei Bedeutung mehr zukommt. Die verschiedenen Anreizsysteme der Unternehmen sorgen dafür, dass der Sinn oder die Befriedigung beim Arbeiten sogar für unwichtig erachtet wird. Dieses Muster ist in unserer Kultur über die Jahrzehnte so allgemein geworden, dass es mittlerweile zur Selbstverständlichkeit gehört. Es beginnt schon in der Kindheit, wo die Schüler nur noch für die Noten lernen und die wenigsten Kinder heutzutage Spaß am Lernen haben. Es gibt auch immer weniger Lehrer, die Spaß am Lernen vermitteln können. Kinder und Berufstätige haben so gelernt, dass ihre Tätigkeit an sich wertlos ist und nur durch die Note oder das Geld, was man dafür erhält, gerechtfertigt ist. Denn das, was man tun muss, kann keine Befriedigung auslösen. So haben wir gelernt zwischen Arbeit und Freizeit zu unterscheiden und fragen auch überhaupt nicht mehr nach, ob Arbeit oder Lernen nicht nur Sinn, sondern auch Spaß machen kann. Dieses BallaBalla-Verhalten ist mittlerweile chronisch und zudem mehrfach widersinnig bzw. BallaBalla². Wenn man Menschen heute befragt, ob sie eine Arbeit machen möchten, bei der sie Freude und Spaß empfinden können, wird die deutliche Mehrheit mit „JA" antworten. Die wenigsten davon kann man danach fragen, welche Arbeit denn Spaß machen würde ... denn hierzu würde den meisten Befragten nichts einfallen. Die als Last empfundene Arbeit ändert nichts an der Tatsache, dass wir die meiste Zeit an unserem Arbeitsplatz verbringen. So betrachtet müssen wir also den Großteil unserer Lebenszeit **gegen** unseren Willen verbringen. Dies will eigentlich keiner – doch alle tun es. Echt BallaBalla. Unsere Freizeit-Aktivitäten dagegen unternehmen wir sehr gerne, obwohl sie in den allermeisten Fällen keinen Nutzen bringen. Summasummarum ein echtes Dilemma: Wir fühlen uns bei der Arbeit gestresst, gelangweilt oder frustriert und bei der Freizeit schuldbewusst. Beste Grundlagen für Krankheiten aller Art.

Leben auf Pump wird zur Normalität

Trotz Wirtschaftsaufschwung, Rekordgewinnen und steigenden Börsenkursen lebte die Hälfte der Deutschen im Jahr 2007 nicht von selbst verdientem Geld, sondern waren auf staatliche Transferleistungen angewiesen. Zehn Millionen Menschen müssen in Deutschland mit weniger als 60 Prozent des durchschnittlichen Nettoeinkommens auskommen und gelten nach amtlicher Definition deswegen als arm. Sie leben zwar komfortabler als zwei Drittel der Weltbevölkerung, doch in der reichen Bundesrepublik verpassen sie den Anschluss an das Konsumniveau der Mehrheit. Da die deutsche Gesellschaft eher aufs Materielle fixiert ist, reagiert sie empfindlicher auf das Auseinanderdriften der Gehälter als Völker, die durch Religionen, Ideologien oder kulturelle Werte zusammengehalten werden. Wenn nur noch der Konsum das Selbstwert Gefühl stützt, sind kollektive Neurosen kaum zu vermeiden. Beste Voraussetzungen für weitere BallaBalla-Entwicklungen.

Neandertaler in Nadelstreifen

Nicht wenige junge Leute glauben heutzutage, dass es in Unternehmen eigentlich nur zwei Menschentypen gibt. Signierende und Resignierende. Es gibt nicht zuwenig motivierte Mitarbeiter, sondern viel zu viel demotivierende Führungskräfte und Chefs. Aus meiner Sicht ein echtes Ur-BallaBalla in der Wirtschaft. Denn seit dem ich Unternehmen von innen kennenlernen konnte (immerhin mehr als 30 Jahre), konnte ich dies immer wieder feststellen. Die Unfähigkeit zu Motivieren nimmt dabei eher zu als ab. Dementsprechend größer ist die Demotivation bei den Betroffenen. Immer mehr Menschen empfinden Ihre Vorgesetzten in der Tat als „vorgesetzt" ... mehr nicht. Es ist nicht so, dass die Verursacher der Demotivation davon nichts wüssten. Wer das glaubt, irrt gewaltig. Im Gegenteil. Viele Chefs und Führungskräfte wissen, dass es um die Motivation ihrer Leute nicht zum Besten bestellt ist. Allerdings verstärken Sie das Business-BallaBalla, in dem

Sie schlicht eine völlig falsche Frage als Lösungsansatz wählen. Gefragt wird „Wie motiviere ich meine Leute?" anstatt zu fragen: „Was demotiviert meine Leute?" Nicht wenige Führungskräfte glauben sogar, dass in der Fragestellung kein Unterschied liegt. Ein BallaBalla-Dauerbrenner.

Konzentration auf Kompromisse statt auf das Richtige

In fast allen Unternehmen sind diejenigen Entscheidungsträger in der Mehrheit, die bei (einfachen oder schwierigen) Entscheidungen zuallererst nach Kompromissen suchen und deshalb das „Richtige" aus dem Auge verlieren. Das „Richtige" kann kaum gefunden werden, weil der Focus schlichtweg falsch gewählt ist. Das Problem, das „Richtige" im Auge zu behalten, liegt daran, dass man sich dabei nicht darum kümmern darf, was der Chef, die Führungsetage oder die Mitarbeiter davon halten bzw. was diese mögen oder nicht. Man sollte sich bei der Suche nach dem „Richtigen" eigentlich auch nicht mit Kompromissen beschäftigen, die notwendig wären, um „richtige" Schlussfolgerungen akzeptabel zu machen. Bewusst oder unbewusst fallen wir alle dennoch genau in diese Falle. Gerade in schwierigen Situationen, wäre die kompromisslose Suche nach dem „Richtigen" ein guter Ansatz. Doch eben weil es schwierig ist, schielen wir nach Absicherung (Chef, Kompromiss etc.). Schleichendes Business-BallaBalla mit fatalen Folgen.

Fachidioten

In vielen Betrieben – egal ob groß oder klein – gibt es diese verständnis-verwirrend-fulminant inszenierten Fachbegriffe. Die Fähigkeit und auch das Interesse schwindet offensichtlich immer mehr, verständnisvoll einfache Sätze zu formulieren bzw. miteinander statt gegeneinander zu reden. Seit Jahren bezeichne ich so etwas als „BallaBalla". 98 von 100 Mitarbeitern, Führungskräften und Chefs geben mir hier recht. Seit Jahren! Dennoch ändert es sich nicht, sondern es wird eher schlimmer bzw. hingebungsvoll in den Unternehmen gepflegt.

WissensWeb-BallaBalla

Die Firma Google ist seit längerem damit beschäftigt, Hunderttausende Bücher zu scannen, zu digitalisieren und zugänglich zu machen. Dies geschieht in Zusammenarbeit mit der Bodleian Library in Oxford, den Bibliotheken der amerikanischen Eliteuniversitäten Stanford und Harvard und der Bayerischen Staatsbibliothek. Man schätzt dass die Menschheit bisher 32 Millionen Bücher, 750 Millionen Artikel, 25 Millionen Lieder, 500 Millionen Bilder, 500.00 Filme, drei Millionen Fernsehsendungen und eine Milliarde Websites produziert hat. Die sich daraus ergebende Datenmenge von fünfzig Petabyte soll, wie „Der Spiegel" optimistisch schätzt, „demnächst auf einen iPod passen".

Satte Bank-Vorstände versenken Milliarden

Große Geldinstitute und satte Bank-Vorstände versenkten 2007 und 2008 Monat um Monat Milliardenbeträge. Business-Balla-Balla? Nein: das ist Business-BallaBalla-Bombastico. Bombastisch nicht nur deshalb, weil es um unvorstellbare Milliardenbeträge geht, sondern vor allem weil auf der Verursacher-Seite keinerlei Reaktionen geschehen. Weder Reue, noch Rücktritt .... Nix! Der Steuerzahler muss für den Milliarden-Schaden aufkommen, und das Business-BallaBalla-Bombastico wird weiter gespielt. Trotz Milliarden-Belastungen geschieht überhaupt nichts! Nichts wird unternommen, es wird nur hingenommen. Selbst die Meldungen in den Tageszeitungen werden immer kleiner bzw. „normaler". Nach dem Motto: „Wieder eine Bank, die soundsoviel Milliarden „Unterstützung benötigt. Sowohl die Summen, die hier regelmäßig genannt werden, als auch die Dreistigkeit und Schmerzfreiheit vieler Bank-Vorstände entbehrt jeglicher Beschreibung. Bis heute (März 2009) gab es weder eine Entschuldigung oder sonst irgendeine AKTIVE Maßnahme der Verursacher.

Fette Entlassungen trotz fetter Gewinne und voller Auftragsbücher

Das Phänomen großer Betriebe, bei Rekordgewinnen auch Rekord-Rausschmisse zu organisieren, hält weiter an. Egal ob Deutsche Bank, Unicredit-HypoVereinsbank, Dresdner Bank, Post oder Siemens. Betriebsräte, Mitarbeiter und auch Führungskräfte verstehen immer weniger, Wie auch. In der Vergangenheit enorme Gewinne, aktuell volle Auftragsbücher (Bsp. Siemens) und dennoch wird ein großer Stellenabbau organisiert. Ebenso BallaBalla ist die Eigenart, dass die Zahl des Stellenabbaus relativ früh bekannt gegeben wird und es dann Monate dauert, bis dann die Abteilungen und Mitarbeiter erfahren, wen es nun eigentlich wirklich trifft.

1 Million Dollar Schulden – pro Stunde

Seit Amtsantritt des US-Präsidenten George W. Bush ist die Staatsverschuldung der USA in einem nie gekannten Maß angestiegen. In sieben Jahren stieg sie um knapp 60 Prozent von 5.727.776.738.304,64 US-Dollar am 19.01.2001 - dem Vortag von Bushs Vereidigung - auf 9.154.986.584.732,22 US-Dollar am 3.12.2008. Durchschnittlich über 500 Milliarden US-Dollar pro Jahr.

1) Die Märkte und das berufliche Umfeld sind permanenten VERÄNDERUNGEN unterworfen!

2) Es gibt orts- und branchen-unabhängig KEINEN SICHEREN ARBEITSPLATZ mehr!

3) Wir können Punkt 1 und 2 nicht verändern. Die daraus resultierende UNSICHERHEIT ist normal und sollte keinesfalls unterschätzt oder gar verdrängt werden.

4) Der UMGANG mit UNSICHERHEIT und/oder unsicheren Situationen kann von JEDERMANN/-FRAU GELERNT werden!

5) Lernen Sie das Jonglieren mit drei Bällen und so spielerisch, aber dafür ganzkörperlich Schritt für Schritt Unsicherheit in Sicherheit zu verwandeln.

6) Bringen Sie sich REGELMÄSSIG und ABSICHTLICH in Situationen, die mit ANGST oder UNSICHERHEIT ÜBERWINDEN zu tun haben.

Ursachen für BallaBalla-Situationen in Wirtschaft & Gesellschaft

Die Ursachen für BallaBalla in Wirtschaft & Gesellschaft liegen in den fundamentalen Veränderungen, die sich a) in der Wirtschaft und b) in der Gesellschaft seit Jahrzehnten entwickelt haben und c) sich künftig noch entwickeln werden. Die Wirtschaft ist und bleibt vorerst zunehmend unberechenbar. An jedem Beschäftigungsverhältnis haftet das Etikett eines Verfallsdatums an. Egal in welcher Branche und egal an welchem Ort. Ob feste oder freie Jobs. Nichts ist mehr längerfristig vorhersehbar, geschweige denn sicher. Die Wirtschaft ist und bleibt Motor für Veränderungen und Unsicherheit, worauf sich heutzutage jeder einstellen muss. Ob passiv abwartend oder aktiv eingreifend – jeder ist davon betroffen. Chefs, Führungskräfte, Beschäftige in kleinen, großen und sehr großen Betrieben. Regional, National, International. Das ist die eine Seite, sozusagen das eine „Balla".

Das zweite „Balla" sind die fundamentalen Veränderungen in der Gesellschaft, insbesondere unser Verhalten. Die Verhaltensbiologie hat mittlerweile in mehreren Studien aufgedeckt, dass der Mensch unvernünftig mit seinen Trieben umgeht, dass er nach Verwöhnung, Technik, Wohlstand strebt, nach Lust ohne Anstrengung. Dies hat katastrophale Folgen und zieht einen massiven Eingriff in das biologische Gleichgewicht nach sich. Wir haben mittlerweile gelernt Anstrengung zu vermeiden, obwohl dies gesund bzw. „biologisch“ erforderlich wäre. Die Gesellschaften in der westlichen Welt sind zu bequem geworden. Mit unserer Intelligenz und unserer Freiheit im Denken haben wir auch die Freiheit gewonnen, gegen die Gesetze der Natur zu verstoßen. Genau dies geschieht bei der Verwöhnung. Der Mensch greift zugunsten der Lustmaximierung in das verhaltensökologische Gleichgewicht ein, er steigert die Reize und vermeidet Bewegung und Anstrengung. Die Folgen sind immens und werden nachfolgend beschrieben.

Verwöhnung – Tatenlosigkeit der Übersättigten

Der Mensch hat gelernt, Anstrengung aus dem Weg zu gehen. Egal ob jung oder alt – es gilt nicht nur als „normal“ Anstrengung aus dem Weg zu gehen, sondern es ist vielmehr sogar „logisch“, dass man Anstrengung aus dem Weg geht. Der Mensch fährt mit dem Auto oder dem Lift. Er hat für alltägliche Tätigkeiten – vom Rasenmähen bis zum Kaffeekochen – ein ganzes Arsenal von Apparaten und Maschinen. Heutzutage ist die Anstrengung besiegt.

- Aufzug / Rolltreppe
- Kaffeemaschine
- Auto / Auto-Waschanlage

- Elektrische Zahnbürste
- Staubsauger / Handstaubsauger
- Waschmaschine / Trockner
- TV-Gerät / TV-Fernbedienung

Ganze Industrien leben davon, uns von Anstrengung und Mühe abzuhalten. Der Gewöhnungsfaktor an Anstrengungs-Vermeidung ist mittlerweile über die Jahrzehnte so stark angewachsen, dass wir mittlerweile entsprechend reflexartig handeln und entscheiden.

Spaß an Schwierigkeiten

Ob Sie es nun „Freude an Herausforderungen", „Lust an Leistung" oder „Spaß an Schwierigkeiten" nennen möchten, genau daran haben wir offensichtlich das Interesse verloren. Wie man daran Spaß haben kann, verstehen die wenigsten. Jonglieren-Lernen ist so ein Fall, „Warum soll ich das Jonglieren lernen?" Die Frage ist ja durchaus berechtigt. Nur wer es ausprobiert, wird erleben, dass es wirklich Spaß machen kann, sich permanent Schwierigkeiten auszusetzen. Man erlebt und durchlebt die Freude an der Herausforderung, drei Bälle nacheinander werfen und fangen zu können. Man gewinnt mehr und mehr Lust an einer Leistung, die Schwierigkeiten macht und dennoch zum Erfolg führt.

Wachstumsgläubigkeit

Unternehmensführer, Chefs und Vorstände haben eine ausgesprochen stark ausgeprägte Fähigkeit zur Verdrängung. Einer der schlimmsten Verdrängungsmechanismen ist die Wachstumsgläubigkeit. Keine noch so große Gläubigkeit an Wachstum wird das Problem irgendeines Unternehmens lösen. Keine Branche hat „automatisch" Wachstumsfelder, kein Geschäftsmodell kann in Würde alt werden und sogar der Besitz wirtschaftlicher Pfründe stellt keinen überwältigenden Wettbewerbsvorteil mehr dar. Alle die diese Tatsachen nicht wahr haben wollen oder können, bringen zwangsläufig den künftigen Erfolg des eigenen Unternehmens in Gefahr. Und es geht noch weiter.

Jeder Erfolg in einer sich ständig und schnell verändernden Welt stellt etwas sehr Zerbrechliches dar. Schauen Sie mal näher in „Ihr" Unternehmen. Egal ob Sie nun Chef oder Mitarbeiter sind, Ich behaupte, dass in jedem Unternehmen heutzutage eine oder mehrere Lügen existieren, an die sich Manager und/oder Beschäftigte klammern, damit man sich eben nicht mit der Frage auseinandersetzen muss, wie wackelig die eigene Geschäftsstrategie nun wirklich ist. Wie ein Alkoholiker, der behauptet, er trinke nur in Gesellschaft, vertreten Unternehmenslenker nicht selten die Überzeugung, ihr totes Geschäftsmodell schlafe nur. Woran Sie Lügen erkennen? Hier eine kleine Auswahl von Sätzen, die Sie bestimmt schon einmal gehört haben:

- „Es ist nur eine Frage der Umsetzung."
- „Es ist ein Organisationsproblem."
- „Wir müssen einfach nur klare Schwerpunkte setzen. "Die Entscheidung „Welche", wird vermieden!
- „Unsere Konkurrenten verhalten sich anormal."
- „Wir befinden uns in einer Umbruchphase."
- „Alle verlieren Geld – also auch wir."
- „Die Marktentwicklung in ...... war schlecht."
- „Die Kunden begreifen unsere Strategie nicht."

Clever Scheitern: Keiner plant Misserfolge ein

Es gibt für Alles Experten. Sogar Experten für das Scheitern. Im Ernst. Alle Fachleute, die sich mit dem Prozess des Scheiterns, des Erlebens von Misserfolgen beschäftigt haben, sind sich einig: Es gibt so etwas wie einen „richtigen" und „falschen" Umgang mit dem Scheitern.

Als erstes gilt es, das Scheitern schon in der Planungsphase bei allen (!) Projekten genauso mit einzukalkulieren wie den Erfolg. Die Einstellung, Misserfolge auf jeden Fall vermeiden zu müssen, ist für einen konstruktiven Umgang mit einer Niederlage nicht förderlich. Im Gegenteil: Eine „Null-Fehler-Philosophie" kann nur verdammt nervös machen … und könnte sich so zur Grundlage für das Scheitern entwickeln.

Ist eine Pleite tatsächlich eingetreten, muss der Gescheiterte akzeptieren, dass es schief gelaufen ist. Er muss erkennen, dass ein weiteres Verfolgen seiner Ziele aussichtslos ist und/oder keinen Sinn macht. Klar fällt das schwer – aber es gibt hierzu keine Alternative, keinen Kompromiss. Wichtig dabei ist, das Scheitern nicht persönlich zu nehmen. Differenzieren Sie zwischen der Sache, dem Projekt, das schief gelaufen ist und sich als Menschen. Ansonsten laufen Sie Gefahr, sich als Versager auf ganzer Linie zu fühlen und nicht mehr an die eigenen Fähigkeiten und Ressourcen glauben zu können.

Verzeihen Sie sich ein Scheitern. Es würde unnötig Energien fressen, wenn Sie sich Monate lang Vorwürfe machen. Halten Sie stattdessen inne und reflektieren Sie „Was ist eigentlich genau geschehen?" – „Wie habe ich das erlebt?" – „Wie deute ich das Geschehene?" – „Was könnte ich in Zukunft anders machen?"

Scheitern muss deshalb als Herausforderung angenommen werden, da nur so ein Lernprozess möglich ist und neue Chancen erkannt werden können. So wachsen auch Selbstvertrauen und Selbstwertgefühl.

Feste Größen: Menschen, Individualität, Veränderung und Wettbewerb

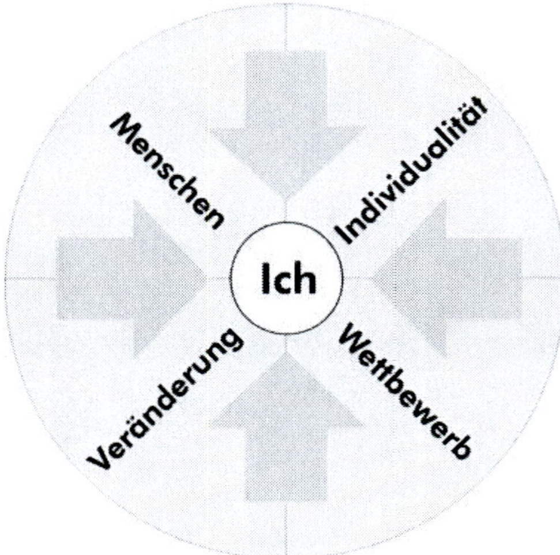

Worauf Sie sich in Zeiten des permanenten Wandels und der zunehmenden Unsicherheit heutzutage noch verlassen können, sind vier Parameter:

Der Mensch und sein „Drang" nach Individualität sollte immer vorrangig behandelt werden bzw. ist bedeutsamer als Veränderung und Wettbewerb: Veränderung und Wettbewerb wird es immer geben. Auf die beiden Größen können Sie sich immer verlassen. Ebenso wie Menschen und Individualität … wird es immer geben! Wenn Sie in einer Situation Unsicherheit oder Stress erleben, ist mindestens einer der vier oben genannten Aspekte Auslöser und mindestens ein weiterer beteiligt.

Motivationsprobleme

In vielen, vermutlich den meisten Betrieben gibt es Motivationsprobleme. Viele Studien hierzu gibt es, die dies in den unterschiedlichsten Branchen festgestellt haben. Oft liegt der Grund in der Chefetage bzw. bei den Vorgesetzten, doch dort liegt der Grund in den seltensten Fallen allein. Das Motivationsproblem sitzt tiefer. Bei neun von zehn Beschäftigten/Führungskräften/Managern etc. vermute ich, dass die Eigenmotivation ein Kernproblem ist. Das liegt unter anderem daran, dass die meisten Menschen nicht hinreichend prüfen, inwieweit der Job, den sie ausüben, wirklich der „richtige“ Job für sie ist. „Richtig“ im Sinne von einer „erfüllten“ Tätigkeit, unabhängig von Geld und Ansehen. Versuchen Sie es einmal. Nehmen Sie sich die Zeit und notieren Sie sich folgende Fragen:

- Was bedeutet mein Spezialgebiet für die Welt und für diese Organisation?
- Wem nützt das, was ich hier tue?
- Und wie muss ich es tun, damit es nützt?

Sie müssen dabei aber bedenken, dass Nutzen nie am eigenen Schreibtisch entstehen kann, sondern immer nur außerhalb der Organisation. Also bei Ihren Kunden, im Markt, den Empfängern ihrer Dienstleitung. Es lohnt sich einmal darüber Gedanken zu machen, für wen bzw. zu welchem „größeren Ganzen“ man einen Beitrag leistet. Hier etwas zu finden, bedeutet eine neue Qualität an Motivation, die unabhängig ist von irgendwelchen Anreizen oder motivierenden Verhaltensweisen durch Vorgesetzte. Allein die Kenntnis des Ganzen, der Dienst am Ganzen, dass Bewusstsein, etwas Wichtiges zu seiner Entstehung, Erhaltung, und zu seinem Erfolg beizutragen, sind vom Wechselspiel der täglichen Motivationskünste weitgehend unabhängig. Auf dieser Basis entsteht eine viel stabilere und größere Motivation, als sie von den meisten anderen sogenannten Motivatoren herbeigeführt werden kann.

Entzug von Sinneserfahrungen im Job

Wenn Sie die Frage nach „dem Ganzen" einmal ausprobiert haben, können Sie sich gleich die nächste Frage stellen:

- „Was tun Sie in Ihrer Firma?"

Diese Frage sieht leicht aus und kann in den meisten Fällen auch beantwortet werden. Fast jeder antwortet dann mit seiner Funktions- bzw. Stellenbezeichnung. „Ich bin Sekretärin", „Ich bin Vertriebsleiter bei/für …", „Ich bin Assistent für….". Man hört Titel, wenn man diese Frage stellt. Wissen diejenigen auch, worum es dort geht wo sie arbeiten, was das Ganze ist und was er/sie dazu beitragen kann? Konkreter, etwas gemeiner aber wirksamer, gefragt:

- Worin besteht ihr Beitrag?

- Wieso stehen Sie eigentlich auf der Gehaltsliste Ihrer Firma?

Die meisten Menschen können wenig mit der Frage anfragen. Das liegt aber nur daran, dass sich kaum einer diese Frage stellt bzw. danach konkret gefragt wird. Wir leben allerdings mittlerweile in Zeiten, wo es zunehmend wichtiger wird, darauf eine Antwort zu kennen. Stellen Sie sich also die Frage, bevor jemand anderes aus Ihrer Organisation diese Frage stellt. Hilfreich für eine Antwort wäre der Versuch folgenden Satz zu vervollständigen: „Ich sorge in dieser Organisation dafür, dass…."

Man kann heutzutage eine moderne Organisation, nicht riechen, nicht hören und nicht betasten. Man kann sie nur im Kopf (re)konstruieren. Das ist aber sehr ungewohnt und die wenigsten Menschen haben dies gelernt.

Gönnen Sie sich einmal diesen Spaß und re-konstruieren Sie Ihren Arbeitgeber einmal im Kopf in einer für Sie völlig neuen Art und Weise. Welche Wandfarben wünschen Sie sich im Büro? Wer soll Ihr Kollege sein? Was wollen Sie in fünf Jahren in dieser (Ihrer) Firma machen? Das Gleiche was Sie jetzt tun? Spinnen Sie einfach drauf los.

1) Die Märkte und das berufliche Umfeld sind permanenten VERÄNDERUNGEN unterworfen!

2) Es gibt orts- und branchen-unabhängig KEINEN SICHEREN ARBEITSPLATZ mehr!

3) Wir können Punkt 1 und 2 nicht verändern. Die daraus resultierende UNSICHERHEIT ist normal und sollte keinesfalls unterschätzt oder gar verdrängt werden.

4) Der UMGANG mit UNSICHERHEIT und/oder unsicheren Situationen kann von JEDERMANN/-FRAU GELERNT werden!

5) Lernen Sie das Jonglieren mit drei Bällen und so spielerisch, aber dafür ganzkörperlich Schritt für Schritt Unsicherheit in Sicherheit zu verwandeln.

6) Bringen Sie sich REGELMÄSSIG und ABSICHTLICH in Situationen, die mit ANGST oder UNSICHERHEIT ÜBERWINDEN zu tun haben.

Ausweg: BallaBalla mit BallaBalla begegnen

Der Ausweg aus BallaBalla-Situationen liegt im Tun, im Handeln. Machen Sie etwas Verrücktes. Sie gelten ja heutzutage schon als verrückt, wenn Sie die Wahrheit aussprechen. Sagen Sie

- Ihrem Chef, dass er sie demotiviert.
- Ihrem Partner, was an ihr/ihm stört.
- Ihrem Kind, dass Sie es lieben.
- Ihrem Mitarbeiter, dass Sie ihn brauchen.
- Ihrem („komischen") Nachbarn fröhlich „Guten Tag".
- Ihrem Lehrer/Professor, dass er/sie Sie demotiviert.
- sich selbst, dass Sie sich lieben.
- sich selbst, dass das Leben Spaß macht.
- ....

Wie gesagt, Sie müssen es tun! Nicht nur darüber nachdenken. Im Tun dieser Dinge beweist sich der wirksame Unterschied.

Es gibt viele Möglichkeiten, Jonglieren zu verstehen ... gerne falsch!

Die Begrifflichkeit „Jonglieren" sagt uns vielerlei. Wahrscheinlich setzt sich die Bedeutung des Wortes „jonglieren“ aus einer Mischung des französischen Wortes „jongler“ und des germanischen „jangler“ zusammen. Dies entspricht dem derzeitigen Verständnis in unserem heutigen Wissensspektrum, nämlich......

1. mit artistischem Können mehrere Gegenstände gleichzeitig spielerisch werfen und auffangen.
2. mit Gewichten oder Ähnlichem bestimmt Geschicklichkeitsübungen ausführen (Kunstkraftsport).
3. (in verblüffender Weise) mit jemandem/etwas umgehen.

Noch einen Schritt näher zu den Wurzeln: Jongler mit der altfranzösischen Herkunft "jogler" bedeutet „sich lustig machen, scherzen“. Dies lässt sich bis zum mittelateinischen ioculari („foppen“, jemanden zum Besten halten“) verfolgen, was wiederum auf das lateinische ioculare „scherzen“ zurückgeht. Das germanische jangler bedeutet „schwatzen, verleumden“. Das sagt uns zumindest der Duden.

Das Jonglieren-Lernen sowie der spielerische Ansatz ist es, die Menschen in eine Welt zu führen, die sich weit entfernt ihrer täglichen Lebenswelt befindet. Wenn Sie das Jonglieren lernen, werden Sie aus dem eigenen Gedanken- und Erfahrungsgebäude herausgeführt und mit neuen

Aufgaben und daraus resultierend, mit neuen Erfahrungen zu konfrontiert.

Jonglieren-lernen ist Lernen in Reinkultur

Das Spielerische im Jonglieren erlaubt ein Verhalten, das von Offenheit, Freude und Leichtigkeit geprägt ist. Diese grundlegenden Voraussetzungen müssen in allen Lebensbereichen gegeben sein, um wirklich erfolgreich zu sein. Nur dann gelingt es, auf der sprichwörtlichen „Welle zu reiten" und ihre Energie für sich persönlich zu nutzen. Das neue Lernumfeld mit den Jonglierbällen schafft Möglichkeiten, alte Denkmuster sichtbar und veränderbar zu machen.

In verblüffender Weise mit sich und anderen umgehen

Bei jeder Kommunikation (...und Sie können nicht nichtkommunizieren) nehmen Sie genau jene Position ein, die Ihrem Verständnis für die gewünschte Interaktion mit Ihrem Gegenüber entspricht.
Ihre Haltung (Offenheit?), Ihr Zugang (Respekt?), Ihre Distanz (Nähe?), Ihre Energie (Bereitschaft?), Ihre persönliche Disposition (Ausgeglichenheit?), Ihre Veränderungsbereitschaft (Lernwille?) sind – zumeist unbewusste – Randbedingungen, die den Erfolg Ihres Kommunikati-

onsverhaltens bestimmen. Beim Jonglieren-Lernen, arbeiten Sie genau an diesen Punkten:

- Ihre Haltung,
- Ihren Zugang / Ihre Distanz „Neuem" gegenüber,
- Ihre Energie,
- Ihre persönliche Disposition,
- Ihre Veränderungsbereitschaft.

Jonglieren ist eine Kunst ... und schärft die Sinne für vertraute Kommunikationsstrategien

Das Erlernen der „Kunst" des Jonglierens fordert eine neue Auseinandersetzung mit dem „Ich" und „Du". Die Anwendung von vertrauten Kommunikationsstrategien lässt meist nur mäßigen Jongliererfolg zu, wenn wir davon ausgehen, dass mit Unterstützung einer praxisnahen Anleitung, eines Partners oder einer Gruppe viele Aufgaben besser, schneller und kreativer gelöst werden können. Ob Sie wollen oder nicht: diese Muster werden für Sie sichtbar. Sie sind eingeladen, Ihre persönlichen Grenzen, Ängste, Einstellungen und Lebensmuster zu hinterfragen und – wenn Sie wollen – zu verändern.

Jonglieren heißt auch Fehler–machen-dürfen

Die Bedeutung von „Fehlern" wird durch Jonglieren neu definiert. Persönliche Niederlagen und Frustration verwandeln sich in Information und Ansporn, wenn die Bälle auf den Boden fallen. Da beim Jonglieren Aktion und Reaktion unmittelbar aufeinander folgen (die Erdanziehungskraft wirkt immer und überall!), ist es für Sie leicht nachvollziehbar, wie sich die Konsequenzen Ihres Tuns darstellen. Der Zusammenhang ist direkt und leicht begreifbar.

Jonglieren ermöglicht eine persönliche Neudefinition

Die Frage nach dem „Ich“ muss beim Jonglieren neu gestellt werden. Wie gehe ich mit Angst um? Wie verhalte ich mich, wenn etwas nicht auf Anhieb gelingt? Wo liegen meine Stärken? Was an mir ist entwicklungs-/verbesserungsbedürftig? Hier bietet sich jedermann/-frau die Möglichkeit, sich selbst zu erkennen und sein Selbstbild nicht nach den Erfordernissen eines beruflichen Umfeldes zu definieren. Ich bin das was ich bin und nicht, was man von mir erwartet (oder ich glaube, was „man“ von mir erwartet!).

Kündigungsgrund Nr.1: Der direkte Vorgesetzte

Wenn unzufriedene Mitarbeiter kündigen, wollen sie meist nicht das Unternehmen verlassen, sondern in erster Linie ihren direkten Vorgesetzten. Dies ist das Ergebnis einer Umfrage der Batz + Siegler Consulting aus Delbrück unter Mitarbeitern, Managern und Topmanagern." WirtschaftsWoche Januar 2009

Gemeinsamkeiten von Jonglieren & Management bzw. Business & Jonglage

Das Jonglieren mit Bällen hat sehr viel mit Management und Büroalltag zu tun als auf den ersten Blick erkennbar ist. Wirtschaft und Jonglieren beschäftigt sich mit

o Erfolg
o Vertrauen
o Flexibilität
o Zielsetzung
o Wahrnehmung
o Veränderungsprozesse

Nachfolgend ein paar Anregungen und Hinweise, die diese These untermauern.

Jonglieren ist speziell für Informationsmanager, Kopfarbeiter und Sitzberufler bestens geeignet

Enggesetzte Termine haben uns fest im Griff. Wir essen, lesen gleichzeitig die Zeitung und können mit halbem Ohr noch das Gespräch am Nebentisch verfolgen, während im Hintergrund die Nachrichten laufen. Das „Höher-Schneller-Weiter" ist mittlerweile zum normalen Tagesgeschäft geworden. Tägliche Grenzüberschreitung wird so zur Normalität. Fast jeder muss täglich mit Ressourcen und Prioritäten jonglieren. Deshalb sollte jeder,

der jonglieren muss, auch „richtig" jonglieren lernen! Konkret: Jonglieren mit drei Bällen. Jonglieren baut nebenbei Stress ab und macht auf eindrucksvolle Weise deutlich, dass der richtige Ansatz einen befähigt, die Dinge in Bewegung zu halten, ohne dabei den Blick für das Wesentliche zu verlieren. Im richtigen Tempo, nach Prioritäten, zum richtigen Zeitpunkt werden Dinge losgelassen sowie Freiraum für Neues geschaffen.

Jonglieren mit Wissen

Wissen ist das Thema unserer Zeit. Alle reden von Wissensmanagement, Wissensökonomie oder Wissensgesellschaft. Wissen soll uns frei machen – lautet das alte Bildungsideal. Stimmt das heute noch? Welche Rolle spielt Wissen in unserem Leben? Gelebte Praxis heute ist: Wir leiden unter Informationsüberflutung, springen von Thema zu Thema und haben dabei immer das ungute Gefühl, nicht genug zu wissen. Trotz des immensen technologischen Fortschritts scheint unser Leben immer komplizierter zu werden. Der einzige Ausweg aus diesem Dilemma ist der „Blick nach innen". Der Umgang mit der eigenen, inneren Leichtigkeit kann mit Hilfe des Jonglierens trainiert und verbessert werden.

Warum Jonglieren im Business?

Das Jonglieren-Lernen bzw. Jonglieren mit Bällen ermöglicht die Chance des Ausbruchs aus dem Tages-Einerlei, aus dem negativen BallaBalla. Es hat in kurzer Zeit Wirkung und Bälle können überall mitgenommen werden. Zuhause, im Büro, in der Werkstatt, der Chefetage, der Kinderkrippe.

Wiederentdeckung von Lust auf Leistung

Der Mensch ist von seiner jahrmillionenlangen Vergangenheit her auf Anstrengung programmiert. Er musste Laufen, Kämpfen, passte sich seiner ursprünglichen Umwelt an, kannte Gefahr- und Abenteuer. Kurzum: Er hatte ein anstrengendes Leben als Jäger und Sammler. Der Urmensch musste täglich 20-30 Kilometer laufen, um seine Nahrung zu beschaffen, er musste mit seiner Beute kämpfen und mit seinesgleichen. Heute läuft der Mensch höchstens zwei bis fünf Kilometer am Tag und muss für die Nahrungsaufnahme nicht mehr kämpfen, sondern läuft nur wenige Meter bis zum Kühlschrank.

Der international anerkannte Verhaltensbiologe Prof. Felix von Cube belegt mit seinem Forschungen und Veröffentlichungen, dass sich unsere natürlichen Triebe und Instinkte, die wir in Millionen und Abermillionen von Jahren erworben haben, nicht einfach verschwinden. Nur weil sich seit ca. 150 Jahren so etwas wie eine Zivilisation entwickelt hat. Wir können sie nicht wegerziehen, wir müssen mit ihnen leben. Der fatale Fehler, den wir Menschen in unserer Wohlstandsgesellschaft begehen, ist der permanente Verstoß gegen die Gesetze der Evolution. Wir setzen die zur Triebbefriedigung gehörigen Aktivitätspotentiale gar nicht mehr oder viel zu wenig ein.

Wir handeln regelmäßig gegen die innere Natur

Die Zivilisationskrankheiten zeigen uns, wie stark wir gegen die Naturgesetze der Evolution bereits verstoßen haben. Es zeigt ganz klar, der Wohlstand tut uns nicht gut. Wir sind nicht auf Nichtstun programmiert, sondern auf Anstrengung, auf Kampf, Gefahr, Einsatz der Potentiale. Die Folge sind Bewegungsmangel bzw. Bewegungsarmut, Langeweile, Passivität und Bequemlichkeit. Aggressivität, Krankheit und Unzufriedenheit die Konsequenzen daraus. Laut Herrn Prof. von Cube bilden Anstrengung und Lust evolutionär gesehen eine Einheit. Tier und Mensch werden für eine auf die Triebbefriedigung gerichtete Anstrengung unmittelbar belohnt. Am längsten hat sich die Einheit von Anstrengung und Triebbefriedigung zum Beispiel in landwirtschaftlichen und handwerklichen Lebensformen erhalten. Doch schon früh hat der Mensch begonnen, Anstrengung als Arbeit von der Lust abzutrennen und die Arbeit als notwendiges Übel anzusehen. In dem Maße wie Arbeit gemieden wird, wird Freizeit ersehnt und aufgesucht. Von der Freizeit erhofft man sich die ersehnte Lust, die dann „natürlich" (evolutionär gesehen = wider-natürlich!) ohne Anstrengung zur Verfügung gestellt werden soll/muss. Genau hier wird es mehr oder weniger verhängnisvoll, Anstrengung und Lust als Arbeit und Freizeit voneinander zu trennen. Die Arbeit wird so früher oder später zur Qual und die Freizeit zur seichten Ersatzbefriedigung.

Wir meiden Unsicherheit, obwohl dies ein Sicherheitstrieb ist!

Es gibt bei Mensch und Tier einen – evolutionär bedingten – Neugiertrieb. Das wird wissenschaftlich nicht bestritten. Der auslösende Reiz dabei ist das Neue, das Unbekannte. Wir sind „neugierig" auf das Neue, wir nehmen sogar Anstrengung in Kauf, um etwas Neues zu finden, zu entdecken. Haben wir das Neue gefunden, machen wir es uns bekannt und verwandeln so Unbekanntes in Bekanntes. Da das Unbekannte naturgemäß mit Unsicherheiten verbunden ist, verwandeln wir so Unsicherheit in Sicherheit. Konkret bedeutet dies, dass unser Neugiertrieb in Wirklichkeit ein Sicherheitstrieb ist. Anders ausgedrückt heißt das: Wenn wir Herausforderungen bestehen, Probleme lösen, Risiken bewältigen, Unsicherheit in Sicherheit verwandeln, erleben wir Anstrengung mit Lust. Verhaltensbiologisch ausgedrückt: Wir befriedigen unseren evolutionär bedingten Sicherheitstrieb.

Ich empfehle zum Thema „Verhaltensbiologie & Führung/Wirtschaft" die Bücher von Felix von Cube („Lust an Leistung", „Fordern statt Verwöhnen") und Konrad Lorenz („Die acht Todsünden", „Der Abbau des Menschlichen"). Beide haben unter anderem sehr intensiv die evolutionären Gesetze erforscht, wie die Lust-Unlust-Ökonomie, Triebe, Instinkte sowie die Entwicklung von Wahrnehmung, Lernen und Denken.

Mit der „Wiederentdeckung von Lust auf Leistung" unter anderem beim Jonglieren-Lernen wird der Einsatz natürlicher Energien unterstützt. Unabhängig vom Jonglieren wird das Leben durch Abenteuer statt Langeweile erst wirklich interessant. Der Einsatz natürlicher Energien statt Schonen bzw. Aktivität statt Apathie bringt sie privat und beruflich weiter.

Internet-BallaBalla:

74-jähriger kauft 2 Jahre alte Webseite für 580 Mio. $

Chris de Wolfe und Tom Anderson gründeten im Jahr 2003 die Website „My Space" in Los Angeles. Zwei Jahre später kaufte Rupert Murdoch (74) diese Internetseite für 580 Millionen $

Gesundheitliche Aspekte

Ob in der Schule, an der Universität oder am Arbeitsplatz, unsere Gesellschaft ist fordernd und leistungsorientiert. Nicht immer kann auf eine Phase der Anspannung oder Belastung gleich eine Zeit der Entspannung und Erholung folgen. Doch wer lange und intensiv arbeitet oder lernt, bei dem lassen Leistungs- und Konzentrationsfähigkeit mit der Zeit erheblich nach. Das ist völlig normal. Darüber muss man sich keinerlei Gedanken machen. Eine Pause gönnen wir uns dennoch nicht! Dies führt dazu, dass die Qualität der zu leistenden Arbeiten sinkt und die Anzahl der Fehler steigt. Deshalb überwinden Sie Ihren „inneren Schweinehund" und nutzen Sie kurze Pausen an Ihrem Arbeitsplatz. Kleine Pausen mit zwei oder drei Jonglierbällen nach Arbeits- und Konzentrationsphasen sind sinnvolle und notwendige Maßnahmen zur Regeneration des Leistungsvermögens.

Aktive Pausen bringen Wohlbefinden

Bewegungs- und Entspannungsübungen tragen dazu bei, Pausen besonders effektiv zu gestalten. Wenn solche „aktiven Pausen" regelmäßig durchgeführt werden wollen oder sollen, müssen die Übungen jedoch leicht erlernbar und selbständig durchführbar sein. Das Jonglieren eignet sich deshalb hervorragend für aktive Pausen, insbesondere für „Sitzberufler". Es ist ganzjährig und überall möglich. Man benötigt keine spezielle Kleidung und kein teures Gerät. Schon kleine Jongliereinheiten von 5-10 Minuten reichen aus, um eine erholsame und aktivierende Pause zu gestalten.

Jonglieren fördert Konzentration und Entspannung

Beim Jonglieren werden Konzentration und Entspannung gleichermaßen geschult. So gilt es zwar, geduldig und ausdauernd das eigene Jonglieren zu beobachten und sich auf seine Bewegungsabläufe zu konzentrieren, gleichzeitig bringt der spielerische Grundcharakter des Jonglierens – und die mit dieser Tätigkeit häufig verbundene Fröhlichkeit – auch Entspannung. Bei richtiger Haltung von Kopf- und Wirbelsäule ist schon beim gleichmäßigen Jonglieren mit drei Bällen ein ausgeglichener Ruhezustand erreichbar: Die dauerhaft regelmäßigen Bewegungen führen im Zusammenhang mit den gleichförmigen Geräuschen beim Fangen und Werfen zu meditationsähnlichen Erfahrungen („Jonglier-Fließzustand"), da dann das Jonglieren vom Gehirn hauptsächlich von der rechten Gehirnhälfte (Emotion) gesteuert wird.

Jonglieren fördert Beweglichkeit und Ausdauer

Mit den ersten Jonglierübungen wird die gleichmäßige Benutzung beider Hände, Handgelenke und Arme gefördert. Da gleichzeitig die beiden Gehirnhälften mit ihren unterschiedlichen Aufgabenstellungen eingebunden sind, dient Jonglieren der Einübung psychophysischer Beidseitigkeit. Jonglieren regt Körper und Kreislauf auf natürliche Weise an, deshalb kann es neben der Steigerung der Beweglichkeit auch zur Förderung der Ausdauer genutzt werden.

Jonglieren fördert Koordination und Wahrnehmung

Jonglieren schult die sensorischen Fähigkeiten, dies gilt besonders für die Augen. Schnelleres Fokussieren und eine Verbesserung beim peripheren Sehen führen deshalb in Verbindung mit einer sicheren Auge-Hand-Koordination zu mehr Zielgenauigkeit beim Werfen und Fangen. Der Umgang mit den Jonglierbällen oder anderen Jongliermaterialien schult außerdem das taktile Empfinden. Das Jonglieren stärkt zudem das Zeit- und Rhythmusgefühl, optimiert bei ausreichendem Training Reflexe und Balance und ermöglicht so schnelle und effektive Muskeltätigkeit, d.h. ein rationelles und angemessenes Maß an Bewegung.

Jonglieren fördert Ich-Kompetenz und Interaktion

Jonglieren erscheint Zuschauern als faszinierende, aber auch schwierige Tätigkeit. Wer jedoch mit dem Jonglieren anfängt, macht Lebenserfahrungen, die ihm in vielen Lebensbereichen helfen: Jonglieren zeigt als Lernmodell, dass man Schwieriges und Kompliziertes vereinfachen kann, um es sch dann in Teilschritten anzueignen. Diese wichtige Erfahrung schafft in Verbindung mit der verbesserten individuellen Ausdrucksfähigkeit des Körpers und der rhythmisch-kreativen Umsetzung erlernter oder selbst erdachter Jongliertricks positive Selbsterfahrung und Selbstvertrauen. Wer Jonglieren gelernt hat, der zieht aus gewachsener Ich-Kompetenz Selbstvertrauen und ein nachhaltiges Erfolgsgefühl.

Jonglieren fördert das Lernen zu lernen

Die Fähigkeit zu lernen ist die wichtigste Eigenschaft im Leben. Freuen Sie sich auf das Jonglieren-Lernen, denn es wird Ihnen in der Tat Freude bereiten. Wann hatten Sie zuletzt Spaß, als Sie etwas Neues gelernt haben? Sie lernen beim Jonglieren-Lernen unter anderem...

- ... mit Komplexität umzugehen und an Ihrem kreativen Chaos zu wachsen.
- ... in beachtenswerter Weise einige Gegenstände gleichzeitig „in der Luft" zu halten.
- ... Fehler als Chance zu erkennen, indem Sie erfahren, dass Sie „die Bälle fallen lassen dürfen".
- ... den Einfluss von Unterstützung geprägter Lernumgebung.
- ... dass Sie alleine Ihre Lerngeschwindigkeit und die Qualität Ihres Lernerfolgs bestimmen.
- ... die für Sie persönlich wirksamen Lernprinzipien zu erkennen und anzuwenden.
- ... Lernen als etwas Faszinierendes zu sehen.
- ... Freude zu empfinden.

Jonglieren bewirkt eine Schärfung der Sinne

Die Wahrnehmungsfähigkeit, das periphere Sehen wird verbessert. Sie lernen, auf vorhandene aber bisher ungenutzte Ressourcen zurückzugreifen. Beim Jonglieren sind Fähigkeiten wie Konzentration, Balance, Rhythmus, Koordination, Flexibilität, Offenheit, Kreativität, dosierter Energieeinsatz, Entscheidungsfreudigkeit und v.a.m verlangt. All das sind in unserer Wirtschaftswelt geforderte Fähigkeiten und bekommen durch das Jonglieren eine ganz neue Erfahrungsdimension. Toleranz, Kooperationsfähigkeit, Verständnis und Motivation leiten sich daraus ab. Beim Jongliertraining ist die Körperlichkeit von intellektuellen Prozessen 1:1 verwirklicht. Es bietet auch die faszinierende Möglichkeit des freudvollen Lernens. Jeder der sich auf das Erlernen des Jonglierens einlässt, empfindet Freude – eine Alternative zu herkömmlicher Lernmotivation und eine Möglichkeit, diese Energie für andere Lebensbereiche zu nutzen. Jonglieren ist BilderSehen. Je konkreter Sie ein Bild/Ziel sehen, desto leichter können Sie es auch erreichen!

Blick für das Wesentliche

Beim Jonglieren-Lernen lernt man den Blick für das Wesentliche. Alle unwichtigen Dinge werden „ausgeblendet". Ein guter Jongleur achtet nicht mehr auf das Fangen. Es ist eine notwendige Sache, damit die Bälle in Bewegung bleiben; aber keinesfalls Wesentlich. Viel Wesentlicher ist es, während des Jonglierens noch andere Dinge wahrzunehmen. Ein guter Jongleur sieht über die Bälle hinweg und will das Publikum sehen, Das ist um ein Vielfaches wichtiger als das Werfen und Fangen der drei Bälle.

Erleben Sie alle Stufen für Erfolg

Es ist zum Beispiel ein Erfolg, wenn Sie das Jonglieren mit drei Bällen gelernt haben. Genau genommen passiert aber mehr. Beim Jonglieren-Lernen lernt man gleich ALLE Tugenden für Erfolg kennen.

1. Sie setzen sich ein Ziel: „Ich will drei Bälle jonglieren lernen“.
2. Sie müssen sich Zeit nehmen und Ihre Trainingseinheiten planen.
3. Sie werden Ausdauer benötigen.
4. Sie müssen sich konzentrieren: auf die Bälle, das Werfen und Fangen.
5. Sie müssen darauf achten, nicht abgelenkt zu werden.
6. Sie werden Rückschläge erleben.
7. Sie müssen sich selbst motivieren, „dran“ zu bleiben.
8. Sie dürfen nicht hektisch und unruhig werden.
9. Sie müssen völlig neue Dinge ausprobieren, mit ungewissem Ausgang.

Dies ist auch mit ein Grund, warum das Jonglieren spürbar das Selbstbewusstsein und Selbstwertgefühl steigert.

Jonglieren lässt Erwachsenenhirne anwachsen

Studien von Wissenschaftlern der Universitäten Regensburg, Jena und Hamburg weisen lernbedingte, strukturelle Veränderungen im menschlichen Hirn von Erwachsenen nach. Dies ist eine wissenschaftliche Sensation, denn bisher ging man davon aus, dass Gehirne von Erwachsenen nicht mehr wachsen können. Die Ergebnisse erschienen in der der renommierten internationalen Fachzeitschrift „Nature". Das Team um den Neurologen Dr. Arne May ließ Erwachsene (Altersdurchschnitt 22 Jahre) drei Monate lang das Jonglieren lernen. Die 12 besten Kandidaten, die drei Bälle mindestens 60 Sekunden lang in der Luft halten konnten, wurden für die Studie ausgewählt. Ihre Hirne wurden vor dem Training, direkt nach dem Training und nach dreimonatiger Trainingspause untersucht und mit den Hirnen untrainierter Probanden verglichen. Nachdem die eine Gruppe innerhalb von drei Monaten das Jonglieren erlernt hatte, ließen diese Jongleure eine deutliche beidseitige Vergrößerung der grauen Substanz in der linken hinteren Furche zwischen oberem und unterem Seitenläppchen des Gehirns (im intraparietalen Sulcus) erkennen. Dieses Gebiet ist darauf spezialisiert, Bewegungen von Objekten im dreidimensionalen Raum wahrzunehmen. "Nach einer dreimonatigen Trainingspause hatte sich diese Erweiterung teilweise wieder zurückgebildet", so der Studienleiter weiter. Somit konnte ein enger Bezug zwischen diesen strukturellen Veränderungen

und dem Erlernen von Jonglieren nachgewiesen werden, denn die Kontrollgruppe zeigte keinerlei Veränderungen in diesem Bereich.
Um die Veränderungen im Hirn zu lokalisieren und darzustellen, wurden Aufnahmen der Hirne mittels Magnetresonanztomographie (MRT) angefertigt und Ebene für Ebene analysiert.

Weitere Jonglier-Studie mit Senioren

Im Juli 2008 meldete die Universität Hamburg, dass auch bei Senioren ein Gehirnwachstum mit Hilfe des Jonglierens möglich ist. 45 Senioren im Alter von 55 und 65 Jahren wurden – wissenschaftlich fundiert und mit hohem technischem Equipment – mit der gleichen Untersuchungsmethode getestet. Die Ergebnisse verblüfften nicht nur die Senioren. Keiner hatte damit gerechnet, dass sich das eigene Gehirn „in so hohem Alter" weiter entwickelt bzw. wächst.

Jonglieren ist überall und jederzeit möglich

Es ist in der Tat so, dass das Jonglieren überall und jederzeit möglich ist. Die Bälle sind leicht und bequem zu transportieren. Sie könnten einen Satz Bälle zuhause haben und einen weiteren Satz Bälle Büro ablegen. Es erfordert keine große Vorbereitung und die Dauer ist ebenso höchst flexibel gestaltbar. Nur fünf Minuten jonglieren hat schon entspannende Wirkung ... wenn man bereits jonglieren kann. Für diejenigen von Ihnen, die zur Zeit noch jonglieren lernen und noch nicht so Ballsicher sind, reichen 30 Minuten Jongliertraining pro Woche. Ob nun 1 x 30 Min., 2 x 15 Min. oder 3 x 10 Minuten ... es ist in jedem Fall garantiert, dass Sie Fortschritte bemerken werden. Der Mensch bzw. unser Körper ist flexibler und lernbereiter als wir glauben.

Wo und wie lernt man das Jonglieren mit 3 Bällen?

Ich habe 1999 ein Jonglier-Lernsystem für absolute Anfänger mit dem Namen REHORULI® entwickelt, mit dessen Hilfe sich das Werfen und Fangen mit drei Bällen verblüffend schnell lernen lässt. Mit dieser Methode haben bereits tausende Kinder und Erwachsene das Jonglieren gelernt. Seit 2003 biete ich das Jonglieren-Lernen auch in verschiedenen Event-Formaten an (www.ballaballa.com).
Dabei lasse ich mein Jonglier-Lernsystem gelegentlich auch mal unter recht „harten“ Bedingungen von Jongleranfängern testen. 2003 gelang mir mit meinem Team der erste Weltrekord: 54 Jonglieranfänger lernten dabei gleichzeitig in 60 Minuten die 3-Balljonglage nach der REHORULI®-Lernmethode. Presse, Radio und TV berichteten darüber.

Drei Bälle für den Weltrekord

Jongleur Stephan Ehlers lehrte 54 Laien in 60 Minuten die Kunst des Werfens und Fangens

Fünf Jahre später (Nov. 2008) hatte ich das Vergnügen, erstmals vor 1.000 Sparkassen-Mitarbeitern zu stehen, um mit Ihnen in 30 Minuten gleichzeitig das Jonglieren mit drei Bällen zu lernen. 264 haben es dann tatsächlich geschafft. In nur 30 Minuten. Weitere Informationen zu dieser Veranstaltung finden Sie bei
www.ballaballa.com/1000.pdf oder
www.ballaballa.com/1000.wmv (Video!).

Das Jonglier-Lernprogramm REHORULI® ist kostenfrei im Internet in verschiedenen Sprachen abrufbar. Die Internet-Adresse lautet:

www.jonglierschule.de/rehoruli

Dort finden Sie 34 verschiedene Wurf- und Fangübungen, alle ausführlich erklärt und beschrieben, präsentiert und illustriert mit der Comicfigur JONGLORO. Außerdem wird jede Wurf- und Fangübung zusätzlich in einem Video gezeigt (WMV und MPG-Dateien sind von jeder Übung abrufbar). Wer lieber das REHORULI®-Buch oder Video-CD nutzen möchte, kann diese unter anderem im Internet bei www.rehoruli.info bestellen.

1. Die Welt ist eine Kugel.

2. Der Mensch lebt also auf einer Kugel.

3. Wer auf einer Kugel lebt, kommt gelegentlich aus dem Gleichgewicht. Das ist normal. Die Natur kommt damit bestens klar ... nur der Mensch nicht,

4. Seit Jahrtausenden haben Mensch und Tier gelernt, das Gleichgewicht auf der Kugel zu behalten. Das ging nie ohne Anstrengung. Laufen, Jagen, Erkunden, Kämpfen.

5. Mit Anstrengung im Gleichgewicht zu bleiben, sorgte dafür, dass permanent Grenzen überschritten und so Weiterentwicklungen möglich wurden.

6. Der Mensch ist von je her neugierig und hat gelernt – trotz Kugel – immer weiter zu gehen. Er lernte, Unbekanntes zu Bekanntem zu machen und empfand Freude und Lust, in neue Erkenntnisse auch Mühe zu investieren.

7. Kurzum: Evolutionär gesehen bilden Anstrengung und Lust eine Einheit: Tier und Mensch werden auf eine auf die Triebbefriedigung gerichtete Anstrengung unmittelbar belohnt. Laufen oder Jagen führen zum Nahrungserwerb, Erkunden führt zur Sicherung und Erweiterung des Lebensraumes, Kämpfen zum Sieg über den Rivalen, zu Rang und Anerkennung.

8. Unsere Triebe und Instinkte (Lust in der Anstrengung) haben sich in Millionen von Jahren so entwickelt. Ein solches evolutionäres Programm lässt sich nicht wegerziehen. Wir müssen lernen damit umzugehen.

9. Mit zunehmender Entwicklung des Menschen, wurde versucht, dem Kugelrunden (= Unsicherheiten) aus dem Weg zu gehen.

10. In unserer Wohlstandsgesellschaft verstoßen wir gegen diese Gesetze der Evolution. Seit einigen Jahrhunderten versucht der Mensch „Lust ohne Anstrengung" zu erzielen. Mit wachsendem Erfolg.

11. Seit nunmehr 30-40 Jahren ist der Mensch in der westlichen Welt mehr oder weniger auf Nichtstun programmiert. Die Mehrheit wünscht sich „alles zu haben, und möglichst nichts dafür zu tun".

12. Mit fatalen Folgen: Bewegungsarmut, Langeweile, übermäßiger TV-Konsum, Passivität, Bequemlichkeit machen uns aggressiv. Wir sind nicht auf Nichtstun programmiert, obwohl wir danach streben. Wir vermeiden Anstrengung, Kampf, Gefahr, Einsatz der eigenen Potentiale … obwohl wir darauf programmiert sind.

13. Hier beginnt die BallaBalla-Situation. Wir verhalten uns BallaBalla. Unser Wunsch nach Bequemlichkeit, Vereinfachung, Sorgenlosigkeit und/oder Sicherheit machen uns krank. Wir verhalten uns widernatürlich – also

BallaBalla. Wir kommen aus dem Gleichgewicht und fühlen uns nicht mehr wohl auf der Kugel.

14. Viele Menschen haben heutzutage verlernt, mit Unsicherheit, Risiko und/oder Angst umzugehen. Genau solche Situationen (Unsicherheit, Risiko, Angst) muss der Mensch häufiger und bewusst aufsuchen, Er kann somit seinen Neugiertrieb neu entwickeln, der dank Bequemlichkeit und Sicherheitsstreben in den letzten Jahrzehnten stark verkümmert ist.

15. Beim Neugiertrieb ist der auslösende Reiz das Neue, das Unbekannte. Im gesunden Zustand sind wir neugierig auf das Neue und strengen uns sogar gerne an, dass Neue kennenzulernen. , In der heutigen Wohlstandsgesellschaft hat das „Neue“ eher störende/negative Wirkung, gerade weil es unbekannt ist (Angst/Risiko/Unsicherheit).

16. Dabei ist der Neugiertrieb eines Menschen genau genommen ein Sicherheitstrieb. Haben wir das „Neue“ gefunden, machen wir es uns bekannt, wir verwandeln Unbekanntes in Bekanntes und – da das Unbekannte mit Unsicherheit verbunden ist – Unsicherheit in Sicherheit. Genau genommen erleben wir Anstrengung dann mit Lust, wenn wir Herausforderungen bestehen, Probleme lösen, Risiken bewältigen, Unsicherheit in Sicherheit verwandeln. Kurz: Unseren Sicherheitstrieb (=Neugiertrieb) befriedigen.

17. Deshalb mein Tipp: „Nehmen Sie die Kugel/n in die Hand.“ Beim Jonglieren-Lernen mit Bällen können Sie einen Ihrer Urtriebe (Neugiertrieb) neu aktivieren bzw. wieder entdecken. Erleben Sie mal wieder „Lust in der Anstrengung“ bzw. „Spaß an Schwierigkeiten“. Sie werden viel „Neues“ finden und verwandeln Unbekanntes in Bekanntes. Schritt für Schritt lernen Sie Unsicherheit in Sicherheit zu verwandeln. Sie erleben Lust in der Anstrengung, weil Sie eine Herausforderung bestehen, Probleme lösen, Risiken bewältigen,

Bierkästen wertvoller als Bank-Aktie

Die Finanzkrise (2008/2009) hat unter anderem die Commerzbank schwer getroffen. Wer vor 18 Monaten 2.200,00 € in Aktien der Commerzbank investiert hat, musste sich 18 Monate lang über fallende Kurse ärgern und hat heute (Stand 27.01.2009) nur noch ca. 219,00 € übrig. Wer zum gleichen Zeitpunkt 2.200,00 € z.B. in Krombacher Bier investiert hätte, wäre war ständig heiter, hätte viel Spaß, den Regenwald mit unterstützt und hätte ebenfalls nach 18 Monaten Leergut im Wert von 446,60 €.

1. Die Welt ist eine Kugel,
2. Der Mensch lebt auf einer Kugel.
3. Wer auf einer Kugel lebt, kommt häufig aus dem Gleichgewicht.
4. Wer häufig aus dem Gleichgewicht kommt, hat ausreichend Beweggründe und bewegt sich öfter und regelmäßig und lernt u.a. über die Bewegung mit Gefahr, Risiko und Unsicherheit umzugehen.
5. Seit Milliarden Jahren haben Mensch und Tier den Umgang mit Bewegung und Unsicherheit gelernt. Es gab genügend Beweggründe für Bewegung und ein Leben im Gleichgewicht auf einer Kugel, das natürlich mit Anstrengung verbunden war.
6. Die Kugel hat sich nicht verändert, die Menschen schon. Wohlstandgesellschaften meiden seit ca. 50 Jahren Bewegung und Unsicherheit und fördern Bequemlichkeit und Sicherheit.
7. Der Fortschritt des Menschen führte dazu, dass wir mittlerweile regelmäßig gegen Evolutionsgesetze verstoßen. Der Mensch ist auf Bewegung und das Überschreiten von Grenzen programmiert. Genau das wird heutzutage zunehmend vermieden. Die Beweg-Gründe sind uns abhanden gekommen.

8. Wir müssen lernen uns wieder umzuprogrammieren. Mehr Bewegung und öfter Umgang mit/in unsicheren Situation macht uns fit für den Alltag und die Zukunft.

9. Nehmen Sie die Kugel/n selbst in die Hand. Lernen Sie das Jonglieren mit Bällen und aktivieren Sie so einen Ihrer Urtriebe (Neugiertrieb) wieder neu.

Engagement bei Arbeitnehmern Fehlanzeige!

Nur 13 Prozent der deutschen Arbeitnehmer verspüren eine echte Verpflichtung gegenüber ihrem Unternehmen und arbeiten sehr engagiert. 20 Prozent dagegen haben bereits innerlich gekündigt. Der große Rest ist emotional nur gering an sein Unternehmen gebunden. Die Masse schiebt nur Dienst nach Vorschrift und lässt pünktlich um fünf den Stift fallen. Damit liegt Deutschland weltweit im unteren Mittelfeld. So arbeiten im Spitzenreiter-Land Indien 44 Prozent sehr engagierte Arbeitnehmer, in den USA immerhin noch 29 Prozent. Und die Tendenz hierzulande weist in eine eindeutige Richtung: Als die Marktforscher von Gallup die deutschen Arbeitnehmer im Jahr 2001 befragten, besaßen noch 16 Prozent eine hohe emotionale Bindung, lediglich 15 Prozent hatten innerlich gekündigt.

Glaubt man den Marktforschern von Gallup, kostet dieses Verhalten die Wirtschaft Milliarden: Allein durch höhere Fehlzeiten der innerlich Gekündigten entstehen Unternehmen Kosten in Höhe von 16,2 Milliarden € im Jahr. Hinzu kommen Einbußen durch unnötig hohe Fluktuation, schlechten Kundenservice, negative Mundpropaganda und Innovationsfeindlichkeit. Gallup schätzt, dass sich die Kosten durch solches Verhalten auf bis zu 109 Milliarden € pro Jahr summieren. Mobbende Kollegen, fiese Vorgesetzte, fehlendes Lob, nicht beigelegte Konflikte sowie eine schlechte Arbeitsorganisation sind ebenso Auslöser einer inneren Kündigung. Laut Gallup sind diese Faktoren sogar der häufigste Grund, warum Mitarbeiter sich vom Unternehmen distanzieren:

Einer der Schlüsselqualifikationen der Zukunft ist „Ungewissheit ertragen lernen“ bzw. der „sichere Umgang mit Unsicherheit“. Weder große noch kleine Firmen können die Zukunft vorhersagen. Die Märkte und das Kundenverhalten sind so schnelllebig, dass das Thema Ungewissheit bzw. Unsicherheit das prägende Element jeder Branche sein wird. Es steht sogar zu befürchten, dass sowohl das Tempo als auch die Intensität der Veränderung eher zu- als abnehmen wird.

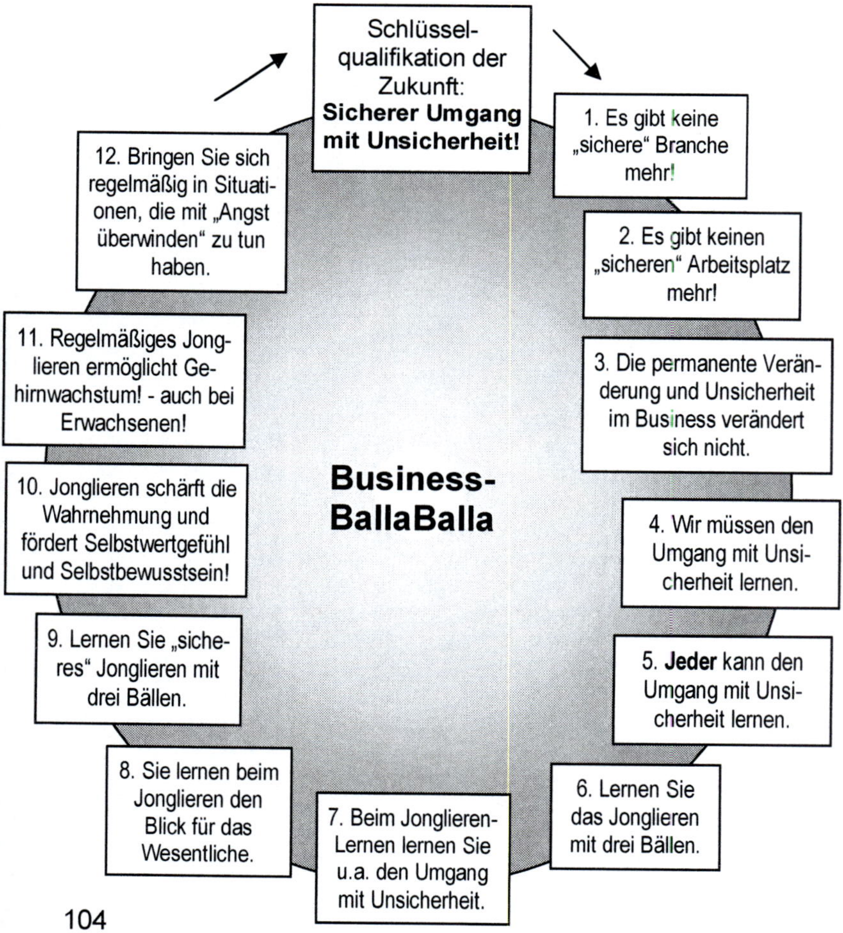

Definitionsversuch von BallaBalla

Es gibt nicht „die" Definition für BallaBalla oder Business-BallaBalla, weshalb ich es auch „Definitionsversuch" nenne. Wie bereits erwähnt, hat BallaBalla mit etwas Verrücktem zu tun bzw. wäre hier schon einmal das wesentliche Erkennungsmerkmal von BallaBalla beschrieben. BallaBalla im Geschäftsleben kann allerdings positiv als auch negativ sein bzw. positiv oder negativ auf Sie wirken. Es lohnt sich also genau hinzusehen. Jeder findet es normal, so wenig wie möglich Anstrengung zu erleben. Bequemlichkeit hört sich positiv an … ist es aber auf Dauer nicht. Zuviel Passivität schränkt die Wahrnehmung ein und macht ungesund. Definitionsgemäß wäre Bequemlichkeit bzw. dauerhaftes „Anstrengung vermeiden" also klar negatives BallaBalla … obwohl es sich gut anhört.

BallaBalla-Situationen sind Momente oder Gegebenheiten die schlichtweg „verrückt" sind oder sich „irre" anhören und in denen entweder die Sinnfrage schwer bis überhaupt nicht zu lösen oder mindestens bei einer Person die Wahrnehmung gestört ist.

Positives BallaBalla	**Negatives BallaBalla**
Konstruktiv	Destruktiv
Horizont-Erweiterung	Eingeschränkte Wahrnehmung
Grenzüberschreitung (Herausforderung meistern)	Grenzüberschreitung (Angst, Stress)
Chance für Flow-Erlebnis	Garantiert kein Flow-Erlebnis
Energie-fördernd	Energie-raubend
Hoher Verblüffungsfaktor bei einem selbst oder bei anderen	Hoher Verblüffungsfaktor bei einem selbst oder bei anderen
Eigensteuerung	Fremdsteuerung
„Sie" repräsentieren das Unternehmen	„Die anderen" repräsentieren das Unternehmen
Vereinfachen	Verkomplizieren

1) Die Märkte und das berufliche Umfeld sind permanenten VERÄNDERUNGEN unterworfen!

2) Es gibt orts- und branchen-unabhängig KEINEN SICHEREN ARBEITSPLATZ mehr!

3) Wir können Punkt 1 und 2 nicht verändern. Die daraus resultierende UNSICHERHEIT ist normal und sollte keinesfalls unterschätzt oder gar verdrängt werden.

4) Der UMGANG mit UNSICHERHEIT und/oder unsicheren Situationen kann von JEDERMANN/-FRAU GELERNT werden!

5) Lernen Sie das Jonglieren mit drei Bällen und so spielerisch, aber dafür ganzkörperlich Schritt für Schritt Unsicherheit in Sicherheit zu verwandeln.

6) Bringen Sie sich REGELMÄSSIG und ABSICHTLICH in Situationen, die mit ANGST oder UNSICHERHEIT ÜBERWINDEN zu tun haben.

Jeden Tag etwas Neues zu tun ist eine der wirksamsten Methoden Business-BallaBalla-Situationen zu meistern, weil es …

- …die Wahrnehmung schärft
- …die Kreativität und Spontaneität fördert
- …das Selbstwertgefühl steigert
- …das Selbstbewusstsein stabilisiert & beflügelt
- …die Souveränität im Umgang mit bzw. in unsicheren Situationen fördert.

Wenn Sie es schaffen zehn Tage hintereinander jeden Tag etwas neu oder anders zu machen, was Sie zuvor so noch nie getan haben, werden Sie schon erste Erfolge direkt „spüren". Sie werden dann Interesse bekommen, „am Ball" zu bleiben. Nach 30 Tagen wird es zum „Selbstläufer", d.h. Sie haben Spaß daran gefunden und müssen sich nicht mehr „zwingen", etwas Neues auszudenken.

Wie Sie es schaffen, dauerhaft jeden Tag etwas Neues zu tun?

Jeden Abend, wenn Sie ins Bett gehen, stellen Sie sich – immer wieder – nur zwei Fragen.

1) Was habe ich heute (völlig) anders gemacht als sonst?
2) Was nehme ich mir für morgen vor?

Nur diese zwei Fragen genügen – weiter am Ball zu bleiben. Wenn Ihnen nichts einfällt, dann stehen Sie schnell noch einmal auf. So können Sie den Tag noch einmal retten. Wenn das Aufstehen nach dem Hinlegen für Sie nichts Außergewöhnliches darstellt, machen Sie gleich nach dem Aufstehen 3-5 Liegestütze vor dem Bett und legen sich gleich wieder hin … das haben Sie dann sicher zum ersten Mal gemacht.

Ich höre schon Ihre Frage:
„Warum sollte ich jeden Tag etwas Neues tun?"

- Weil dies wirklich das beste, effektivste und wirksamste Aufwand-Nutzen-Verhältnis ist, das Sie bekommen können, um schnell und zuverlässig Selbstbewusstsein und Kreativität zu tanken sowie sicher in unsicheren Situationen zu werden.
- Weil es bei jedem Menschen positive Auswirkungen hat und einen persönlich, privat und beruflich weiter bringt. Ohne Ausnahme.
- Es ist überaus einfach und für jedermann-/frau durchführbar.
- Man benötigt keinerlei Hilfsmittel … zumindest in den ersten Wochen und Monaten. Später wird es Ihnen eventuell sogar Spaß machen, Requisiten gezielt einzusetzen.
- Das Lerntempo sowie Art und Umfang der Durchführung entscheidet jeder individuell je nach Risikobereitschaft, Gemütsverfassung, Lust und Laune.

- Sie müssen keine zusätzliche Zeit investieren ... zumindest in den allermeisten Fällen nicht. Wenn es in Ausnahmefällen dann doch zusätzlich Zeit in Anspruch nimmt, reden wir von 1, 3, max. 5 Minuten!
- Es ist völlig schmerzfrei.
- Freudvolles Lernen ist möglich und wird so über diese einfache Methode wiederentdeckt.

Bevor Sie sich das Ziel setzen, „Ja, ich werde ab sofort jeden Tag etwas „Neues“ tun, erhalten Sie nachfolgend ein paar allgemeine Hinweise für den Umgang mit Zielen.

Lernen Sie den Umgang mit Zielen und belohnen Sie sich für erreichte Ziele

Ziele zu erreichen kann (und sollte auch) positiv wirken, Es kann sogar regelmäßig zu einem „erhebenden“ (Selbstwert-) Gefühl beitragen, Hierzu müssen Sie nur ein paar wenige Punkte beachten. Das fängt bereits mit der Ziel-Definition bzw. Ziel-Formulierung an. Es gibt nichts Unpräziseres als „Ich möchte gesund leben“ oder „Ich will mehr Sport treiben“ oder „Ich will weniger Süßigkeiten essen“. Präzisieren Sie also. Seien Sie konkret. Was möchten Sie genau? Also nicht „Mehr Sport“, sondern: ich will 3 x wöchentlich mind. 15 Min. Rad fahren. Merken Sie sich; Ziele die nicht messbar bzw. überprüfbar sind, sind keine Ziele! Nachfolgend erhalten Sie sechs Fragen, die

Ihnen bei der Ausformulierung Ihrer Zielvorstellungen helfen können.

1. Was will ich erreichen?
Hier können Sie schon konkret/präszise werden.

2. Wozu will ich es erreichen?
Was ist für Sie „drin“, wenn Sie Ihr Ziel erreichen?

3. Wie realistisch ist mein Ziel?
Voraussetzungen? Wo stehen Sie heute? Wo möchten Sie hin?

4. Was benötige ich, um mein Ziel zu erreichen?
Wissen, Energie/Power, Zeit? Unterstützung? Begleitung?

5. Wie will ich mein Ziel erreichen?
Alleine oder mit anderen? Randbedingungen, Zwischenziele?

6. Wann soll mein Ziel erreicht sein?
Sie müssen in jedem Fall ein konkretes Datum nennen.

Wenn Sie eines Ihrer Etappenziele oder Ziele erreicht haben, dann gönnen Sie sich etwas. Gehen Sie nicht einfach zur Tagesordnung über. Bereiten Sie sich bewusst eine kleine Freude. Diese kleine Belohung wird entsprechend positiv wirken, auch und vor allem auf weitere Etappenziele oder neue Ziele.

111 Ideen & Anregungen „Täglich etwas Neues tun“

Die nachfolgenden Ideen und Anregungen haben trotz der Nummerierung keinerlei Ordnung oder System. Es sind sowohl leichte Übungen dabei als auch schwere Mutproben. Damit Sie sich einigermaßen orientieren können, habe ich alle Aufgaben in drei Kategorien eingeteilt:

A = Aufgabe für Anfänger
Diese Aufgabe sollten Sie sich auf jeden Fall zutrauen!
M = Mittelschwere Übung
Diese Aufgaben sind nicht zu schwierig und nicht zu einfach.
P = Profis
Diese Aufgaben sind deutlich schwerer als die anderen (A+M).

111 Ideen & Anregungen „Täglich etwas Neues tun“

8. von 8 Übersichtsseiten

1) Schuhe anziehen

Das tun Sie jeden Tag. Aber achten Sie morgen einmal darauf, welchen Schuh Sie zuerst anziehen. Es ist nämlich jeden Morgen der gleiche Schuh. Links oder rechts. Morgen können Sie also das erste Mal bewusst darauf achten. Sie haben dann schon etwas Neues gemacht! Am Tag darauf ziehen Sie sich den anderen Schuh zuerst an. Wieder etwa Neues gemacht.

2) Socken / Strümpfe anziehen

Das tun Sie auch jeden Tag. Wenn Sie aber bewusst zwei unterschiedliche Strümpfe anziehen, wird dies dann wohl das erste Mal sein. Wenn Sie sich schon einmal versehentlich zwei verschiedene Strümpfe angezogen haben, zählt das nicht, weil es in den meisten Fällen erst spät oder abends beim Ausziehen bemerkt wird. Wenn Sie es das erste Mal bewusst machen, ist dies eine völlig andere Kategorie, weil Sie den ganzen Tag daran erinnert werden, dass Sie zwei verschiedene Strümpfe an haben. Nicht weil Sie darauf von anderen Menschen angesprochen werden … nein. Ihr Unterbewusstsein wird sich öfter melden, als sie es mögen „Hoffentlich merkt keiner, dass ich zwei verschieden farbige Strümpfe an habe."

3) Socken wechseln

Mitten am Tag tauschen Sie den linken gegen den rechten Strumpf. Völlig harmlos – aber sicher haben Sie so etwas noch nicht gemacht. Sie merken schon: die Sinnfrage Ihrer Aktionen dürfen Sie nie stellen. Es geht einzig und allein darum, dass Sie etwas Neues ausprobieren, was Sie vorher noch nie gemacht haben. Nicht mehr und nicht weniger. Es darf BallaBalla sein. Es muss kein anderer wissen, was Sie getan haben. Sie werden sich mit Ihrem Unterbewusstsein mehr oder weniger intensiv darüber „unterhalten".

4) Socken / Strümpfe anziehen - Profi-Version!

Wenn Sie „Jeden-Tag-etwas-Neues-tun" mehr als 30-40 Tage lückenlos geschafft haben, können Sie eine andere, etwas riskantere „Socken-Nummer" ausprobieren. Sie ziehen nun bewusst zwei schrill farbige Socken an, eine schrille Farbe am rechten Fuß und eine andere schrille Farbe am linken Fuß. Farbe, Schuhwerk und Hose sollte so gewählt sein, dass es jeder sehen kann! Jetzt besteht die berechtigte „Gefahr", dass Sie darauf angesprochen werden. Sehr schön... denn Sie sind ja vorbereitet. Sie wissen das ja schon. Was meinen Sie, wie verblüfft der/die andere guckt, wenn Sie auf die Frage „Interessante Socken!?" antworten: „Ja, dies habe ich heute bewusst so gewählt, nur damit ich angesprochen werde!"

5) Morgendliche Rasur bei den Herren

Jeder Mann, der sich rasiert, tut dies auf die gleiche Art und Weise wie jeden Morgen. Hier findet „Malen nach Zahlen" statt, nur ohne Zahlen. Es ist immer der gleiche Weg. Den ersten Morgen überprüfen Sie, welchen Weg die Rasierklinge geht. Diesen „Weg“ merken Sie sich, um diesen Weg am nächsten Morgen zu verändern. Anstatt links oben beginnen Sie nun rechts oben.

6) Rasieren mit der anderen, schwächeren Hand

Dies ist dann sicher schon etwas schwerer, aber sicher nicht unmöglich. Es dauert nur ein wenig länger.... und Sie werden am Ende mit ihrer gewohnten Hand noch einmal „ausbessern“.

7) Fußgängerzone - Hände hoch

Nehmen Sie beim nächsten Besuch einer Fußgängerzone für mind. 15 Sekunden die Arme hoch. Richtig hoch – also Arme durchstrecken. Verrückt? Ja, aber dafür sehr, sehr einfach auszuführen. Sie müssen nicht sprechen, niemanden angucken, einfach nur Arme hoch und fertig. Wer hat denn das Problem? Sie oder die anderen? Sie wissen, dass Sie die Arme oben haben! Die anderen gucken nur dumm? Eine hoch wirksame Maßnahme, im Sekundenbereich (!) wirksam Selbstbewusstsein zu tanken. Sobald Sie die Arme herunter nehmen, gehen Sie die ersten Meter mit „geschwellter“ Brust weiter... weil Sie es geschafft haben. Ihr Unterbewusstsein wird sie zu Ihrem „Sieg“ mit einer Portion Selbstwert-Steigerung belohnen.

8) Schalten Sie Ihr Mobiltelefon für 2 Tage komplett aus.

Ja Sie lesen richtig. Das ist sicher nichts für Einsteiger, die am Projekt „Jeden Tag etwas Neues tun“ teilnehmen. Ein Tag völlig ausschalten geht noch, 2 Tage fällt schon schwerer… obwohl ja „nichts“ passiert. Wirklich „nichts“ wird passieren – Ihr Handy ist ja aus. Aber genau davor haben mittlerweile sehr viele Menschen Angst. Das nichts passiert! Viele haben sich an die gelegentlich nutzlose, zeitraubende Handy-Nutzung gewöhnt. Üben Sie „Ruhe vor dem Telefon!“ – es wird einfacher funktionieren, als Sie ggfs. befürchten. Besorgte Anrufer – wenn Ihr Handy wieder eingeschaltet ist – werden Sie fragen bzw. nerven „Warum war Dein Handy aus?“ – Warum warst Du nicht erreichbar?“. Wenn Sie dann antworten „“Weil ich mein Handy absichtlich 2 Tage ausgeschaltet habe … !“ werden sehr viele Sie unterbrechen und fragen (oder schreien) „WARUM?!“ Hier wäre eine gute Gelegenheit zu antworten: „Um zu sehen wie die Reaktion ist, wenn ich es wieder eingeschaltet habe!“

9) Konsequente Anrufbeantworter-Nutzung

Kennen Sie so Anrufe auf Ihrer Mailbox bzw. Ihrem Anrufbeantworter wie „Hallo Peter, hier ist Klaus… ruf mal bitte zurück!“ Wenn Sie häufiger so „Nachrichten“ hinterlassen bekommen, empfehle ich folgendes: Rufen Sie NICHT zurück! Rufen Sie ab sofort immer nur die Anrufer zurück, die Ihnen auch sagen, „warum“ Sie anrufen sollen und/oder wenigstens „wann“ Sie zurückrufen sollen. Dies sollten Sie mindestens bei beruflichen Telefonaten/Angelegenheiten KONSEQUENT so handhaben. Privat mache ich es heute auch so. Einen Freund habe ich damit einmal ziemlich geärgert...weil er es sechs mal in drei Tagen geschafft hatte, mich anzurufen (Mailbox und Anrufbeantworter), ohne zu sagen was er will, worum es geht und wann ich zurückrufen soll. Jedes Mal ein wenig ärgerlicher, versteht sich. „Du bist ja schwieriger zu erreichen, als der Papst“ ... war eine seiner Äußerungen. Als ich ihm sagte, „ich habe Dich bewusst nicht zurückgerufen, weil Du nie gesagt hast, worum es geht, wie wichtig oder unwichtig es ist bzw. wann die beste Zeit sei, zurückzurufen, hatte er es – nicht sofort – aber dann doch verstanden.

10) Holen Sie nur noch einmal pro Tag Ihre Mails ab

Für viele ähnlich „schwierig“, wie einen Tag das Handy ausschalten. Nicht wenige Berufstätige sind es mittlerweile gewohnt, alle ein bis zwei Stunden nach neuen Mails zu sehen. Probieren Sie dies mal mehrere Tage hintereinander. Holen Sie nur noch einmal am Tag Ihre Mails ab ... am besten vereinbaren Sie mit sich eine Uhrzeit. Oder noch besser: Veranlassen Sie eine automatische Antwort für empfangene eMails (Autoresponder) und informieren Sie die Absender, dass Sie eMails nur einmal pro Tag um 14 Uhr abrufen. Freuen bzw. genießen Sie die Reaktionen darauf.

11) Versuchen Sie einen Tag ohne Strom auszukommen

Länger schaffen Sie es (zuhause) sowieso nicht. Eine echt schwierige aber lehrreiche Übung. Sie werden feststellen, wie stark wir mittlerweile vom Strom abhängig sind und wie viele Lebensbereiche dies betrifft. Es reicht nicht aus, dass Sie sagen „das kann ich mir vorstellen". Sie müssen es schon tun. Erst wenn Sie es tatsächlich getan haben, spüren Sie den Stolz, dass Sie etwas geschafft haben … unter anderem auf so vieles zu verzichten. Eine gute Übung und Riesenspaß, wenn Sie dies mit Ihren Kindern einmal ausprobieren. Wie das geht? Einfach alle Sicherungen ausschalten!

12) Systematische Müllabfuhr

Legen Sie wenigstens einmal im Jahr einen festen Termin für die „systematische Müllabfuhr" fest. An diesem Tag machen Sie nichts anderes als Dinge zu suchen, die Sie wegwerfen. Mindestens ein großer blauer Müllsack ist Pflicht. Sie werden staunen wie viel sich so ansammelt, das wirklich komplett überflüssig ist.

13) Besprechung im Stehen

Schockieren Sie Ihre Arbeitskollegen, in dem Sie mal zu einer Besprechung einladen … ohne vorher zu verraten, dass Sie die normalen Stühle und Tische gegen Stehtische ausgetauscht haben. Solche Besprechungen sind in der

Regel immer effektiver, erfolgreicher und auch kürzer. Keiner will übermäßig lange stehen.

14) Anderer Stuhl bei Besprechungen

Wenn Sie häufig Besprechungen/Sitzungen in Ihrem Job mit den gleichen Kollegen haben, dann sorgen Sie schon für viel Aufmerksamkeit, wenn Sie sich plötzlich woanders hinsetzen. Mutprobe: Setzen Sie sich auf den Stuhl des Chefs oder desjenigen, der immer die meiste Redezeit beansprucht.

15) Herzliche Umarmung statt reservierte Begrüßung

Wie wäre es, wenn Sie Ihren Kollegen oder Chef einmal überraschend umarmen, obwohl sie ihn/sie bisher nur reserviert begrüßt haben. Sagen Sie nicht „das geht nicht". Das Überraschungsmoment ist auf Ihrer Seite.

16) Putzen Sie sich die Zähne mit der anderen Hand

Ein schönes Experiment, das natürlich schwer fällt. Es ist aber nicht unmöglich.

17) Laufen Sie um das Auto, bevor Sie es öffnen

Eine echte Nonsens-Übung, aber mit hoher Wirkung. Es ist zum Beispiel ein schöner Einstieg für das Lernen von Disziplin, wenn Sie sich diese Übung einmal für eine ganze Woche vornehmen. Immer erst eine Runde um das Auto. Lachen Sie nicht. Es geht nicht um Sinn, es geht um das Überwinden von Grenzen und/oder das Erlernen von Disziplin. Wenn Sie diese Übung eine Woche geschafft haben, wird es Ihnen leichter fallen, jeden morgen etwas früher aufzustehen, um zum Beispiel 10 Minuten Sport/Gymnastik einzuplanen.

18) Trinken Sie einen Tag lang ausschließlich Wasser

Eine weitere Übung für das Erlernen von Disziplin. Versuchen Sie an einem nichts anderes zu trinken, außer Wasser. Sie werden auch hier feststellen, wie groß die Bequemlichkeit und der Gewöhnungsfaktor beim Menschen tatsächlich ist.

19) Begrüßen Sie Freunde/ Kollegen mit der linken Hand

Strecken Sie einfach den linken Arm zur Begrüßung aus. Klar wird jeder verblüfft sein. Sagen Sie dem Gegenüber ruhig, dass Sie gerade eine Übung machen (etwas Neues tun).

20) Verschenken Sie Geld an wildfremde Menschen

Am besten und wirkungsvollsten ist so etwas zum Beispiel in einer Fußgängerzone zu machen. Gehen Sie auf einen fremden Menschen zu (bitte keine Obdachlosen oder Jugendlichen) und fragen Sie: „Darf ich Ihnen 10 € schenken?". Die meisten Menschen fragen zurück „Warum?" oder „Wieso ich?". Wenn Sie dann noch antworten: „Einfach nur so – ohne Grund!", werden Sie feststellen, wie schwierig es ist Geld zu verschenken.

21) Trinken Sie morgens eine Tasse Zitronensaft

Dies ist auch eine Gute Übung, wenn Sie abnehmen möchten. Die Zitrone beschäftigt Ihren Magen und ihre Magensäure ... das Hungergefühl reduziert sich auf natürliche Weise.

22) Laden Sie Ihre Nachbarn zum Abendessen ein

Hier meine ich nur die Nachbarn, die Sie noch nicht so gut kennen und/oder die Sie bzw. Ihre Wohnung noch nicht kennen. Beim Abendessen sollen sie sich kennenlernen. Dies wäre auch ein möglicher (überzeugender) Grund für die Einladung.

23) Grüßen Sie freundlich Ihnen suspekte Menschen

Das wird sicher Überwindung kosten, aber darum geht es ja. Gehen Sie entschlossen und freundlich auf die Menschen zu, die Ihnen etwas „komisch“ vorkommen. Grüßen und bleiben Sie freundlich. Sie werden sehen, dass dies gar nicht soooo schwer fällt.

24) Ändern/Färben Sie für einen Tag komplett Ihre Frisur

Setzen Sie Ihren Scheitel rechts anstatt links, verpassen Sie Ihren Haaren einen Zopf oder färben Sie Ihre Haare um. Ein Experiment mit garantiert hoher Wirkung in Ihrem privaten und beruflichen Umfeld.

25) Tragen Sie auffällige Ringe oder Ketten

Auch das wird natürlich von Ihrer engsten Umgebung privat und geschäftlich entsprechend wahrgenommen und „gewürdigt. Aber nur dann, wenn es auffälliger als vorher ist.

26) Verlängern Sie Ihr Handy mit einem Schnur-Telefon

In unserem Shop (www.ballaballa.com) finden Sie einen knallroten Telefonhörer mit Schnur, den sie mit Hilfe eines Adapters an jedes Handy anschließen können. Ihr Handy klingelt... und Sie telefonieren mit dem schönen, großen, roten Telefonhörer.

27) Anspannung der Bauchmuskeln in verschiedenen Situationen

Versuchen Sie über den Tag verteilt mindestens 20 oder 30 Minuten lang die Bauchmuskeln anzuspannen. Das geht im Fahrstuhl, in einer Warteschlange an der Supermarkt-Kasse, im Sitzen. Es gibt kaum eine Situation, wo sie die Bauchmuskeln nicht anspannen können. Ein super Fitness-Training, wenn sie versuchen, jeden Tag die Minutenanzahl zu erhöhen, oder sich 120 Minuten in der Woche vornehmen. Das Beste daran: keiner sieht es, wenn Sie die Bauchmuskeln anspannen.

28) Beckenvorschub-Übung in Leerlauf-Situationen

Trainieren Sie Ihren Bauch und Rücken mit der Beckenvorschub-Übung. Sie spannen Ihre Bauchmuskeln an bzw. ziehen Ihren Bauchnabel in Richtung Wirbelsäule und schieben Ihr Becken vor und zurück. Dies lässt sich sehr gut und unauffällig beim Auto-Fahren machen oder anderen Sitz-Gelegenheiten, zum Beispiel bei Besprechungen oder langweiligen Sitzungen.

29) Stimmtraining und Entgiftung mit „1-4-2-Atmung"

Es gibt eine sehr schöne, hoch wirksame Atemübung, die sich sowohl positiv auf Ihre Stimme auswirkt, als auch eine reinigende Wirkung von Giftstoffen in Ihrem Körper hat. Zudem hat sie eine entspannende Wirkung. So geht's:

1. Atmen Sie durch den Mund ein und zählen Sie dabei bis 6. Während Sie 1-6 zählen erfolgt das Einatmen durch den Mund. .
2. Wenn Sie bei 6 angekommen sind, halten Sie die vierfache Zeit (24) die Luft an. Sie zählen also bis 24 und halten während des Zählens bis 24 die ganze Zeit die Luft an. Kein Aus-, kein Einatmen in dieser Zeit!
3. Bei 24 angekommen dürfen Sie ausatmen und zählen dabei bis 12. Das Ausatmen muss auch aus dem Mund geschehen – nicht durch die Nase.
4. Dies wiederholen Sie mindestens zehn Mal!

Die Zahlen 6-24-12 können Sie je nach Kondition/Lungenvermögen natürlich entsprechend erhöhen. Die wirksamsten Ergebnisse gibt es ab 15-60-30 stehend an der frischen Luft oder vor geöffnetem Fenster. Dies muss aber nicht zwingend sein. Sie können dies sehr wohl während der Autofahrt, in der U-Bahn, im Bus, bei Wartezeiten etc. unauffällig ausführen.
Wenn Sie es das erste Mal ausprobieren, kann es sein, dass Sie (während des Luftanhaltens oder Ausatmens) kleine Schwindelanfälle bekommen. Das ist normal, kein Grund zur Sorge. Versuchen Sie unbedingt, das Einatmen, Luft anhalten und Ausatmen mindestens zehn Mal hintereinander zu schaffen, nur dann erzielen Sie die Wirkung auf ein spür- und hörbare (!) Verbesserung der Stimme sowie das Entgiftungspotential. Noch besser wäre es 15 Mal oder noch öfter durchzuführen.

30) Machen Sie Liegestütze bevor Sie schlafen gehen

Fangen Sie klein an und beginnen Sie mit drei Liegestützen, unmittelbar bevor Sie ins Bett gehen. Also am besten vor dem Bett. Sie können dann anschließend gleich „reinfallen". Am nächsten Tag versuchen Sie vier, am darauffolgenden fünf Liegestütze usw.

31) Machen Sie Kniebeugen morgens nach dem Aufstehen

Gleich wenn Sie aufstehen, starten Sie mit Kniebeugen. Fangen Sie wie bei den Liegestützen mit einer kleinen, leistbaren Zahl an und steigern Sie diese jeden Morgen, bis Sie „Ihre“ Anzahl gefunden haben.

32) Öffnen Sie einen Tag lang Türen mit der linken Hand

Dies hört sich auch einfacher an als es ist. Sollten Sie versehentlich die rechte Hand benutzen, starten Sie den „Vorgang“ noch einmal neu. Sie haben sich ja vorgenommen, jede Tür an diesem Tag mit der linken Hand zu öffnen. Linkshänder nehmen bitte die rechte Hand.

33) Trinken Sie einen Tag jedes Getränk mit „Links“

Auch das wird Überwindung kosten und wesentlich schwieriger als es sich anhört. Daran zu denken und nicht zu vergessen ist das Schwierigste dabei. Wenn Sie es geschickt anstellen, werden Ihre Freunde und Kollegen nichts davon merken. Keinem wird es auffallen. Das alleine ist schon der Test wert.

34) Essen Sie einen Tag nichts – nur Trinken

Eine schönes Training um Verzicht zu üben. Es ist absolut schmerzfrei, aber Ihr Magen wird ab Mittag schon das eine oder andere Mal knurren. Wenn Sie diese Übung bis zum späten Abend durchhalten, tanken Sie eine gehörige Portion Selbstbewusstsein. Sie werden enorm stolz auf sich sein, wenn Sie das geschafft haben. Und hungrig.

35) Grinsen Sie sich 60 Sekunden in einem Spiegel an

Diese Übung hat sogar unmittelbaren Einfluss auf Ihre innere Lockerheit. Im Ernst: machen Sie genau dies: Schauen Sie sich in einem Spiegel an und ziehen Sie die Mundwinkel hoch. Lächeln Sie drauf los ... mind. 60 Sekunden lang. Die fühlen sich unmittelbar danach lockerer, fröhlicher als vorher. Versprochen. Diese Übung empfiehlt sich zum Beispiel dann, wenn Sie ein schwieriges Gespräch vor sich haben oder gestresst, abgespannt oder müde sind. Diese Übung wird sogar auch Vieltelefonierern oder Call-Center-Mitarbeitern empfohlen, weil der Funke der frisch getankten Fröhlichkeit sogar über eine Telefonleitung am anderen Ende spürbar (hörbar) wird.

36) Malen Sie sich einen Punkt oder Zeichen ins Gesicht

Dies ist eine Übung mit hoher Außenwirkung. Das heißt, diejenigen die Sie kennen, aber auch die, die Sie nicht kennen, werden Sie „verstört" ansehen. Sie ziehen von jedermann Blicke auf sich. Sie werden auch das eine oder andere Mal auf Ihr „Zeichen" im Gesicht angesprochen. Da Sie dieses Zeichen nicht sehen und nicht wahrnehmen, ist es eine wirklich interessante Übung, die natürlich Überwindung kostet. Am besten denken Sie sich vorher eine gute „Story" aus, warum Sie dieses Zeichen/diesen Punkt im Gesicht tragen. Sie können aber auch zugeben, dass Sie dies absichtlich gemacht haben, um zu sehen, wie die Reaktion darauf ist.

37) Stressabbau durch Nichtstun

Wenn Sie einmal zur Ruhe kommen wollen, reichen dafür zehn Minuten. Legen Sie sich auf ein Sofa oder auf den Boden, fixieren Sie einen Punkt und achten Sie nur auf Ihren Atem. Das ist schon alles. Nur einen Punkt fixieren und auf den eigenen Atem hören. Auch hier wird es zu Beginn schwer fallen, sich die Zeit zu nehmen. Direkt nach der Arbeit? Am Wochenende? Einfach ausprobieren. Eine Übung mit hohem Wirkungsgrad ... in nur 10 Minuten.

38) Wirksame Übung für Wartezeiten im Sitzen

Wenn Sie Wartezeiten überbrücken müssen und eine Sitzgelegenheit haben, können Sie folgende Übung ausprobieren: Sie spannen die Bauchmuskeln an, ziehen/strecken Ihren Kopf gerade in die Höhe und achten mind. 5 Minuten auf Ihren Atem. Das können Sie am Flughafen, im Bus, in der U-Bahn ... überall wo Sie sitzen können.

39) Vermeiden Sie eine Woche TV

Auch das ist möglich. Schauen Sie bewusst kein Fernsehen. Probieren Sie es aus. Sie werden nichts vermissen. Umso schwerer Ihnen diese Übung fällt, desto nötiger, wichtiger und wirksamer wird sie sein. Sie werden enorm stolz auf sich sein, wenn Sie es geschafft haben. Nicht wenige entdecken dabei auch ein gehöriges Potenzial an Zeitgewinn. Der TV-Konsum nach so einer TV-Entzug-

Woche wird hinterher in der Regel eher abnehmen als zunehmen. Grund: 95% der gesendeten Beiträge und Filme sind enorm unwichtig.

40) 1-2 Std. früher aufstehen und spazieren gehen

Sie werden sich enorm wohl fühlen, wenn Sie eine Stunde an der frischen Luft waren, anschließend duschen, und dann erst Ihren Tag beginnen. Nicht joggen, einfach nur locker, gemütlich spazieren gehen. Entdecken Sie 1-2 in der Woche Ihre Nachbarschaft neu. Zu Fuß! Am besten in den frühen Morgenstunden (5-6 Uhr), weil Sie dann alles für sich allein haben und so gut wie keiner außer Ihnen auf der Straße ist.

41) Grüßen Sie zehn Personen in der Fußgängerzone

... die Sie nicht kennen. Sie haben dafür 10 Minuten Zeit. Also jede Minute sagen Sie der-/denjenigen „Guten Tag“ „Moin“ oder „Grüß Gott“, die an Ihnen vorbei laufen. Eine Übung, die Riesenspaß machen kann, weil der Überraschungseffekt auf Ihrer Seite ist. Umso freundlicher, lauter, überzeugter Sie dieses „Guten Tag“ sagen, desto größer wird die Verblüffung der angesprochenen Personen sein. Machen Sie so etwas einmal die Woche oder einmal im Monat. Einfacher und schneller können Sie nicht Selbstbewusstsein tanken. Steigern Sie die „Begrüßungsfrequenz“ ... 10 in 5 Minuten, 12 in 4 Minuten usw. Vielleicht gefällt Ihnen diese Übung so gut, dass Sie auf Rekordjagd gehen und sich vornehmen, mindestens zehn wildfremden Menschen laut und in maximal fröhlicher Art und Weise zu grüßen ... alles unter einer Minute.

42) Bewusstseinsübung zu Ihrer Bankverbindung

Nehmen Sie sich 5 Minuten Zeit, bewaffnet mit einem Stift und einem Stück Papier und notieren Sie schnell die drei bis fünf guten Gründe auf, weshalb Sie Ihre Bankkonten bei der Bank haben, die Sie „Ihre Bank" nennen. Die meisten Menschen wissen nicht, „warum" Sie „Ihrer" Bank sind und nicht bei einer anderen. Klar, denn wir haben so gut wie keinen Kontakt zu einem „unserer" sogenannten „Bankberater". Eventuell bekommen Sie Interesse Ihre Bankverbindung zu „überprüfen". Wie hoch sind Ihre Kontogebühren pro Monat oder pro Quartal? Wen kennen Sie persönlich bei „Ihrer" Bank? Idee: Schreiben Sie doch mal einen Brief an Ihre Bank:

Bitte nennen Sie mir bitte fünf gute Gründe, warum ich bei Ihnen mein Konto habe. Mir fallen keine (mehr) ein oder ich habe sie vergessen. Höre ich bis tt.mm.jjjj nichts von Ihnen, werde ich die Bankverbindung vermutlich wechseln. Besten Dank und freundliche Grüße

43) Wann haben Sie zuletzt gelobt, sich zumindest bedankt?

Es gibt so viele Gelegenheiten zu loben. Ihre Kollegen, Ihren Partner, Ihre Kinder, Ihre Freunde oder auch Ihren Chef oder Arbeitgeber (z.B. weil er Ihnen regelmäßig Geld überweist). Sie können aber auch die Dame an der

Supermarkt-Kasse loben, sich bei der Bedienung im Restaurant bedanken oder Verkäufer für ihre Beratung loben.

44) Üben Sie laut sprechen!

Nutzen und suchen Sie Gelegenheiten, in denen Sie laut sprechen können. Das laute Sprechen hilft Ihnen schnell und zuverlässig Selbstvertrauen aufzubauen. Fangen Sie ruhig klein an. Nutzen Sie Gelegenheiten zunächst privat, in der Familie, im Verein. Oder schreiben Sie sich selbst ein paar nette Zeilen und lesen diese dann laut vor. Auch eine sehr wirksame Methode. Ja, auch Ihnen wird etwas einfallen, dass Sie an sich selbst nett oder positiv finden. Nehmen Sie einen Text mit vier oder fünf Zeilen. Diesen Text können Sie auf einen Zettel notieren und in Ihre Geldbörse stecken. Lesen Sie diesen Text laut! Bei Ihnen zuhause geht das. Wenn Sie den Zettel in Ihrer Geldbörse haben, dann erinnern Sie dieser Zettel an diese positiven Sätze die darauf stehen. Auch das wirkt positiv auf Sie. Sätze wie „Aktives Denken über eigenes Verhalten" können Sie sogar mit einer wechselnden Betonung je Wort einen anderen Sinn geben. Suchen Sie nach weiteren Sätzen, die Sie mir Hilfe einer anderen Betonung inhaltlich verändern bzw. variieren können.

45) Vermeiden Sie zu sprechen!

Wenn Sie glauben, dass das laute Sprechen schwer fällt, dann versuchen Sie mal einen Tag lang gar nicht zu sprechen! Das ist heutzutage extrem schwierig und erfordert jede Menge Selbstbewusstsein, Mut und Disziplin. Gehen Sie einfach jedem Gesprächsversuch aus dem Weg. Wenn Sie diese Übung ausprobieren möchten, fertigen Sie vorher einen gut lesbaren Zettel an, den Sie bei sich tragen:

Tut mir leid. Sie haben heute Pech. Ich mache heute eine spannende Übung und jetzt mit Ihnen gemeinsam eine spannende Erfahrung. Die Übung heißt: „Ich werde heute nicht sprechen – zu keinem – zu niemanden – kein Wort! Danke für Ihr Verständnis!

46) Kündigen Sie an, dass Sie für 4 Tage keine Mail lesen

Sorgen Sie für Aufregung und „emotionale Beteiligung", in dem Sie Ihren Freunden und Geschäftspartnern „offiziell" mitteilen, dass Sie in den nächsten vier Tagen keine eMail lesen und/oder beantworten werden. Begründen sie dies, dass Sie einmal vier Tage Mail-Ruhe ausprobieren wollen, um zu sehen was bei Ihnen und den Absendern geschieht.

47) Sagen Sie anderen, dass Sie Ihren Partner lieben

Das machen Sie aber nur dann, wenn es stimmt. Eine Übung, die bei den meisten Menschen Unruhe und Hemmung auslöst. Wenn Sie Ihren Partner wirklich lieben, sollte es aber keine Problem sein, anderen davon zu erzählen. Oder? Wenn Sie es getan haben, vermeiden Sie anschließend Sätze wie: „Ich habe das Buch vom Ehlers gelesen, der hat empfohlen dass ich das machen soll...". Es sollte aus freien Stücken kommen und möglichst überzeugend, Überzeugend wird es automatisch dann, wenn es stimmt.

48) Erstellen Sie eine „Besten-Liste" Ihrer Freunde

Schreiben Sie zunächst alle Namen Ihrer Freunde auf und dann fangen Sie an, eine Rangliste zu bilden. Wenn Sie diese Übung machen, geht es dabei weniger um die Rangliste, sondern um die Zeit, die Sie sich bewusst – und in Ruhe – nehmen, um einmal darüber nachzudenken. Ich wette mit Ihnen, dass Sie so etwas noch nie gemacht haben. Wenn Sie schon einmal dabei sind, können Sie die Rangliste auch fertig stellen... natürlich wollen Sie dann auch wissen, wer es Ihrer Meinung nach nicht unter die „Top 3" schafft.

49) Zählen Sie die Anzahl Fernbedienungen zuhause

Sie werden staunen, wie viele Fernbedienungen sich in Ihrem Haushalt befinden. Zu jedem Gerät wird mittlerweile eine Fernbedienung ausgeliefert. Ihre Autoschlüssel müssen Sie nicht mitzählen, obwohl dies meistens auch eine Fernbedienung ist.

50) Besorgen Sie sich Schnürsenkel in schrillen Farben

Eine einfache Übung. Hier gilt: Umso schriller, desto wirksamer. Die wenigsten Menschen werden Sie direkt auf die Schnürsenkel ansprechen, aber Sie erhalten alle Arten von Blicken zugeworfen.

51) Unternehmen Sie eine Irrfahrt

Egal ob mit Rad, Auto oder Bahn. Sie nehmen sich einfach vor „irgendwo" hin zu fahren, wo Sie noch nie waren und auch beim Losfahren noch nicht wissen, wo Sie aussteigen bzw. anhalten werden.

52) Stellen Sie Ihre Ernährung für einen Tag komplett um

Es lohnt sich immer und zu jedem Zeitpunkt, an der Ernährung zu arbeiten. Im Laufe Ihres Lebens stopfen Sie sich ca. 50 Tonnen Nahrungsmittel in den Schlund ... da lohnt es sich für einen Moment mal darüber nachzudenken, was das eigentlich ist. Machen Sie einen Apfelessig-Tag, einen Sauerkraut-Tag oder–oder–oder ... es gibt so viele Ernährungsberater, Tipps und Vorschläge zum Beispiel im Internet. Da will ich Ihnen keine Empfehlung geben. Sie werden schneller fündig als Sie glauben.

53) Vermeiden Sie gezielt Bequemlichkeit

Eine Übung die sich kreativ ausbauen lässt: Meiden Sie zunächst Fahrstühle und Aufzüge – eine Woche lang gehen Sie immer Treppen. Ohne Ausnahme. Als nächstes können Sie Rad fahren anstatt Auto fahren. Suchen Sie sich zunächst eine Strecke aus, die Sie bisher immer mit dem Auto gefahren sind und noch nie mit dem Fahrrad.

Denken Sie darüber nach, wo Sie Anstrengung aus Bequemlichkeitsgründen vermeiden, obwohl es machbar wäre.

54) Lassen Sie Ihr Auto stehen – für eine Woche

Lassen Sie Ihr Auto bewusst für eine Woche stehen und kommunizieren dies nach außen. Geben Sie zu; dass Sie gerade etwas „Neues" ausprobieren und das Auto hätten nehmen können. Wissend, dass dies unbequemer, aufwändiger und ungemütlicher ist. Nicht wenige werden Sie für „verrückt" erklären. Provozieren Sie BallaBalla!

55) Besuchen Sie einen Flohmarkt – als Aussteller

Sagen Sie nicht, dass Sie keine Gegenstände in Ihrem Haushalt entbehren können. Es reicht immer für einen vollen Flohmarkt-Stand. Wenn nicht, dann fragen Sie Ihre Freunde. Sie bekommen schnell ausreichend Ware. Sie machen spannende Erfahrungen und erhalten jede Menge Gelegenheit etwas „Neues" zu tun oder zu erleben. Sie müssen sich erkundigen, wo ein Flohmarkt in Ihrer Nähe ist. Sie müssen die Sachen einsammeln und sinnvoll einpacken, Sie müssen sich Preise überlegen und vieles mehr.

56) Zeitschriften-Kauf am Kiosk

Wenn Sie eine Frau sind, kaufen Sie ein Herren-Magazin (Playboy, FHM oder ähnliches). Wenn Sie ein Mann sind, kaufen Sie eine Frauenzeitschrift. Das ist noch nicht die ganze Aufgabe. Sagen Sie dem Verkäufer/der Verkäuferin an der Kasse, dass Sie zum ersten Mal ein Herrenmagazin/Frauenmagazin kaufen. Fragen Sie ihn/sie, welches Heft er/sie Ihnen empfehlen würde.

57) Gehen Sie mit erhobenen Händen in eine Bank

Das ist eine echte Mutprobe. Es wird reichen, wenn Sie ca. 10 Sekunden lang die Hände oben halten und dann ganz normal zum Geldautomaten oder an den Schalter gehen. In dieser Zeit wird Sie jeder gesehen haben. Der eine oder andere wird mit dem Finger auf Sie zeigen. Nicht ausgeschlossen, dass Sie auch angesprochen werden. Sagen Sie einfach. „Mein Arzt hat mir empfohlen, bei Atemnot die Arme hoch zu nehmen … und er hatte Recht. Es ging mir gleich besser."

58) Lassen Sie witzige Visitenkarten drucken

Das Drucken von Visitenkarten kostet heute über das Internet zwischen 5 und 10 €. Dieses Geld ist gut investiert in „aussagekräftige" Visitenkarten. Drucken Sie „Supermann", „Spielkind", „Nörgler", „Organisationsfanatiker", „Fußball-Freak", „Katzenhasser" oder was sonst Ihrer Meinung nach zu Ihnen passt. Oder lassen Sie gleich mehrere Versionen drucken … die Sie dann anlassbezogen bzw. zielgruppengerecht verteilen können. Große Wirkung haben auch Visitenkarten, auf denen nur Ihr Name steht – keinerlei Kontaktdaten! Diese Karten können Sie gezielt an die Personen verteilen, mit denen Sie keinesfalls in Kontakt treten möchten. Nicht selten wollen ausgerechnet solche Personen ihre Telefonnummer oder Visitenkarte. Werden Sie danach gefragt, sagen Sie einfach „Ja, gerne“ … suchen Sie dann etwas länger nach der Karte … (ihr Gegenüber ist in dieser Wartezeit voller Vorfreude) und überreichen Sie sie mit einem Lächeln. Warten Sie die Reaktion ab … nicht alle verstehen sofort, warum keine Kontaktdaten auf der Visitenkarte stehen. Für die Antwort auf eine Rückfrage gibt es natürlich endlose Variationsmöglichkeiten. Sie werden sicher eine passende finden. Besonders wirkungsvoll und „final“ sind Bemerkungen wie „Es ist für mich völlig ausreichend, wenn Sie nur meinen Namen kennen“ oder „Machen Sie sich keine Sorgen: das, was für Sie wichtig ist, steht auf der Karte“. Wenn Sie die Person wirklich los sein wollen, sagen Sie: „Sogar der Name auf der Karte ist falsch!“ Diese kleinen „Namens-Karten“ sind zusätzlich auch für kleine persönliche Botschaften ganz nützlich.

59) Erstellen Sie eine „Patientenverfügung“

Sollten Sie noch keine Patientenverfügung haben, schlagen Sie zwei Fliegen mit einer Klappe. Zum einen tun Sie wirklich etwas „Neues“ und zum anderen sichern Sie sich sinnvoll persönlich ab. Kein Mensch mag sich gerne vorstellen, so krank zu werden, dass er nicht mehr in der Lage ist, selbst Entscheidungen zu treffen. Aber wenn es passiert, wäre es höchst clever mit einer Patientenverfügung dafür zu sorgen, dass Sie vorher festlegen, wer für

Sie Entscheidungen treffen soll, wie intensiv Sie medizinisch betreut werden wollen usw.. Geben Sie im Internet „Patientenverfügung" ein, Sie werden dann schon fündig. Sie müssen dies nur einmal machen – fertig.

60) Machen Sie Ihr Testament

Ähnlich wie mit dem „krank werden" ist es mit dem Tod. Die wenigsten Menschen stellen sich so etwas vor und verpassen dann recht häufig auch die Vorsorge, wenn es soweit ist. Jeder weiß, dass es mal passieren wird und jeder weiß, dass keiner den Zeitpunkt kennt, wenn es soweit ist. Es kann also schon morgen sein. Dies sind alles ausreichend Gründe für ein Testament.

61) Notieren Sie 12 Fähigkeiten, auf die Sie stolz sind

... und geben Sie sich dafür drei Minuten Zeit. So eine Übung löst deshalb Stress und „Kopfschütteln" aus, weil das kleine Wort „stolz" unmittelbar die Einschätzung Ihres Selbstwertes betrifft. Viele Menschen haben auch Schwierigkeiten zwölf Fähigkeiten, Fertigkeiten zu notieren, die Sie besonders gut können und/oder auf die Sie besonders stolz sind. Die meisten Menschen stellen sich diese Frage nie. Die Beschäftigung mit dieser Frage kann aber sehr viel für Ihr Selbstwertgefühl tun. Fähigkeiten/Fertigkeiten wie „ich kann lesen", „ich kann schreiben", „ich kann rechnen", „ich kann einen PC bedienen" werden in der westlichen Welt immer gerne unterbewertet, weil es als selbstverständlich gilt. Und dennoch können Sie stolz darauf sein, weil es Milliarden von Menschen auf dieser Erde gibt, die das nicht können. Aus diesem Blickwinkel betrachtet, schaffen Sie sicher mehr als zwölf Fähigkeiten, auf die Sie stolz sein können. Es einmal aufzuschreiben, bedeutet unmittelbaren und nachhaltigen Zuwachs an Selbstwertgefühl.

62) Liste „Eigentlich müsste ich mal…."

Nehmen Sie sich fünf Minuten Zeit für die Frage „Eigentlich müsste ich mal …". Egal ob „Wohnung aufräumen", „mehr Sport treiben", „mehr Zeit für die Kinder nehmen", „zur Ruhe kommen" …. alles was Sie notieren findet den Weg in Ihr Unterbewusstsein. Es wird nicht lange dauern und Sie werden dann mindestens eine der notierten Punkte aktiv angehen.

63) Liste „Hoffentlich muss ich nicht …"

Diese Liste ist schon etwas schwerer zu erstellen. Es lohnt aber. Wenn Sie über diese Frage nachdenken – es genügen fünf Minuten – werden Sie recht schnell auf „unerledigte Dinge" stoßen, die Sie schon länger aufschieben. Das Aufschreiben hilft Ihnen, den einen oder anderen „unangenehmen" Punkt bewusst zu benennen. Wenn Sie die Liste anschauen, werden Sie schnell diejenigen Punkte erkennen, die früher oder später einer Klärung bedürfen und nicht dauerhaft aufgeschoben werden können. Es fällt dann leichter sie anzugehen.

64) „Was ist das Wichtigste in meinem Leben?"

Das ist mal eine Frage. Oder? Hier werden Sie etwas länger benötigen als fünf Minuten. Umso früher Sie sich diese Frage stellen, desto eher führen Sie ein zufriedeneres, weniger gestresstes Leben. Diese Frage ist für keinen Menschen einfach zu beantworten, dennoch gewinnt diese Frage mit zunehmendem Alter an Bedeutung. Das ist normal, denn irgendwann endet ja unser Leben. Klären Sie zunächst die großen „Überschriften" dieser Frage. Listen Sie zunächst alle für Sie wichtigen Dinge auf: „Gesundheit", „Familie", „Finanzielle Unabhängigkeit", „Sex", Stellung/Ansehen", „Anerkennung", „Freunde" usw. Wenn Sie eine Liste dieser wichtigen Punkte Ihres Lebens notiert haben, versuchen Sie die aufgezählten Stichworte zu priorisieren, so dass maximal drei Punkte übrig bleiben. Tragen Sie diese drei Punkte auf einen kleinen, farbigen Zettel und stecken Sie ihn in ihre Geldbörse. Der farbige Zettel in Ihrer Geldbörse wird Sie öfter daran erinnern, welche drei Punkte Sie festgelegt haben, ohne den Zettel aufklappen zu müssen. Die drei Begriffe auf Ihrem Zettel wandern in Ihr Unterbewusstsein und „arbeiten" vor sich hin. Es kann sein, dass Sie die notierten Punkte ergänzen oder neu ordnen müssen. Aber einmal aufgeschrieben, bleiben Sie ungemein lange im Kopf und wirken im Hintergrund und beeinflussen Sie in Ihren Entscheidungen. Ausprobieren!

65) Sechs wesentliche Fragen für ein glückliches Leben

Es gibt in der Tat sechs einfache Fragen, an dessen Beantwortung Sie erkennen können, ob Sie ein glückliches Leben führen.

1) Liebe ich den Partner, mit dem ich zusammen wohne?
2) Liebe ich den Ort, in dem ich wohne
3) Liebe ich meinen Job, meine Arbeit?
4) Liebe ich meinen Partner wirklich?
5) Liebe ich meinen aktuellen Wohnort wirklich?
6) Liebe ich meinen aktuellen Beruf wirklich?

Wenn Sie alle sechs Fragen uneingeschränkt und ohne Zögern mit „Ja“ beantworten können, sind Sie wirklich ein glücklicher Mensch. Wenn nicht, wissen Sie woran Sie arbeiten müssen oder was Sie zu verändern haben? Aber auch nur dann, wenn Sie ein glückliches Leben führen wollen.

66) In „falschen“ Momenten in die Hände klatschen

Klatschen Sie mehrfach in die Hände und zwar in den Situationen, in denen es am wenigsten passt. In der Oper, im Theater, in der U-Bahn, bei Sitzungen im Büro, oder während Sie angesprochen werden. Eine echte Mutprobe … die Sie gut steuern können, wenn Sie sich vorher eine gute Antwort überlegt haben. Denn die Wahrscheinlichkeit, dass Sie darauf angesprochen werden, ist relativ groß. Die Antwort „Mir war gerade danach" passt nicht in allen Situationen.

67) Schreiben Sie „Danke"-Briefe

Die wirkungsvollste Art Menschen positiv zu beeindrucken, sind mit der Hand geschriebene „Danke"-Briefe oder Postkarten an Ihre Kollegen, an Ihren Chef, an Ihren Partner, an Ihre Kinder, an Ihre Freunde, an Ihre Nachbarn, an Ihren Postboten. Die positive Wirkung ist aus drei wesentlichen Gründen erfolgreich. Zum einen ist der Brief/die Karte mit der Hand geschrieben und zum anderen erhält der Empfänger ein Lob. Drittens sind diese beiden Punkte heutzutage so selten, dass Sie damit automatisch Eindruck machen müssen. Bitte keine eMails oder SMS - Sie müssen sich schon die Zeit dafür nehmen! Der Inhalt so eines „Danke"-Briefes soll und darf gar nicht umfangreich sein. Es reicht die Danke-Botschaft: „Danke, dass Sie immer so freundlich sind", „Die Zusammenarbeit mit Ihnen funktioniert prima und macht mir sehr viel Spaß. Dafür wollte ich mal Danke sagen." Nehmen Sie sich vor, mindestens einmal im Monat einer anderen Person eine Danke-Karte zu schreiben. So tun Sie jedes Mal etwas „Neues" … und zugleich auch Gutes.

68) Einfach mal ausgiebig nichts tun

Buchen Sie für 2-3 Tage ein Wellness-Hotel in Ihrer Nähe und lassen Sie sich massieren, gehen Sie schwimmen, in die Sauna, schlafen Sie viel oder lesen Sie ein Buch. Volle Konzentration auf maximales „Nichtstun“. Einfach ausspannen.

69) Tragen Sie Ihre Uhr rechts, nicht links

Das sollten Sie mindestens einen Tag lang mal ausprobieren. Eine schöne Übung gegen die Gewöhnung.

70) „Was fällt Ihnen/Dir an mir auf?“

Diese Frage können Sie mal Ihren Partner oder Ihren Arbeitskollegen stellen … ohne dass Sie wirklich irgendetwas geändert haben. Provozieren Sie ruhig etwas. „Bist Du sicher, dass Dir nichts auffällt?“. Es kommen zum Teil interessante Antworten dabei heraus.

71) Tauschen Sie beim Essen das Besteck

Versuchen Sie mal die Gabel rechts und das Messer links zu halten bzw. beim Essen zu bedienen. Einmal reicht – bis zum Ende des Essens ... schon haben Sie wieder etwas Neues gemacht.

72) Machen Sie mal eine „Kühlschrank-Revision“

Holen Sie mal alles aus Ihrem Kühlschrank und überprüfen Sie, was gesund, weniger gesund und überhaupt nicht gesund ist. Sind ein Drittel oder die Hälfte Ihrer Lebensmittel als „weniger“ gesund einzustufen?

73) Besuchen Sie ein Seniorenheim

Machen Sie das ruhig einmal. Dies empfehle ich gerne auch jungen Leuten. Tun Sie so, als ob Sie für sich oder Ihre Eltern einen Heimplatz suchen. Erkundigen Sie sich vor allem nach den Kosten. Sie tun a) etwas Neues und b) bekommen Sie einen Einblick in „Lebensformen im Alter". Die Überprüfung der eigenen Altersvorsorge kann recht schnell und intensiv in den Vordergrund rücken.

74) Verschränken Sie die Arme einmal „falsch"

Verschränken Sie zuerst die Arme normal ineinander. Einfach ineinander stecken – fertig, Bevor Sie die Arme wieder auseinander nehmen, achten Sie welcher Arm unten und welcher Arm oben ist. Beim zweiten Versuch machen Sie es genau umgekehrt, nun ist der jeweils andere Arm unten bzw. oben.

75) Geben Sie eine Anzeige auf „Spende 20.000 €"

Eine schöne, völlig gefahrlose Übung. Sie tun so, als ob Sie spenden möchten und bitten um Information entsprechend „spendenwürdiger" Projekte. Freuen Sie sich auf die Post, die Sie erhalten. Wenn Sie um eine „besonders aussagefähige, originelle Bewerbung" bitten, erhalten Sie sicher auch sehr originelle Post. Extrem wichtig ist natürlich, dass Sie die Anzeige anonym, also als Chiffre-Anzeige aufgeben. Es ist nicht ausgeschlossen, dass Sie auch gar keine Post erhalten.

76) Suche nach individuellen Stärken über Freunde

Fragen Sie Ihre Freunde einmal, was sie an Ihnen toll, gut, bemerkenswert finden. So bekommen Sie von außen einen Einblick auf Ihre Stärken. Nur Mut, fangen Sie bei Ihren engen Freunden an, Sie werden Ihnen offen ihre Meinung sagen.

77) Das Treppenhaus als Fitnessraum

Gehen oder rennen Sie im Treppenhaus vier oder fünf Mal hinauf und wieder herunter. Ein tolles Fitnessprogramm und eine Sache, die Sie sicher noch nie gemacht haben. Wenn Sie nicht von Ihren Nachbarn „erwischt" werden wollen, gehen Sie in irgendein Treppenhaus, das mindestens drei Stockwerke hat.

78) Üben Sie die spontane „1-Minuten-Rede"

Ein gutes Training für die freie, spontane Rede ist folgende Übung. Sie nehmen irgendeinen Gegenstand in die Hand. Egal ob aus dem Badezimmer, aus der Küche oder wo auch immer her. Sie beginnen dann sofort mit einer originellen, interessanten. Reden Sie laut und deutlich, als ob mehr als 30 Personen im Raum wären. Bevor Sie beginnen, schauen Sie auf die Uhr und beenden dann Ihre Rede, wenn Sie glauben, dass 60 Sekunden vorbei sind! So trainieren Sie auch Ihr Zeitgefühl. Noch besser ist, wenn Sie diese Übung mit Ihrem Partner oder einem Kollegen machen. Dann können Sie sich irgendeinen Gegenstand geben lassen … und der andere kann die Zeit messen.

79) Malen Sie ein Bild

Wann haben Sie zuletzt gemalt? Es geht nicht um die Schönheit oder den Inhalt des Bildes, sondern dass Sie sich dafür einmal 15 Minuten Zeit nehmen. Es geht ja darum, etwas „Neues" zu tun, Kreativität zu testen und zu tanken, selbstbewusster und gelassener in Stress-Situationen zu werden. Solche Übungen helfen dabei wirklich.

80) Lernen Sie ein Kurzgedicht auswendig

Im ersten Schritt, nehmen Sie sich vor, ein kleines Gedicht auswendig zu lernen. Irgendeins. Acht Zeilen dürfen ausreichen. Es geht nicht um die Menge, sondern um das „Projekt" an sich. Sie müssen ein Gedicht auswählen, Sie müssen es üben, mehrfach – bis es sicher sitzt. Wenn Sie das alles geschafft haben, kommt die nächste größere Hürde. Sie nehmen sich vor – jetzt, wo sie das Gedicht sicher können - es irgendjemanden auch aufzusagen. Hier wäre mal ein Beispiel:

Ick sitze da und esse Klops
Uff eenmal kloppt's
Ick kieke hoch und wundre mir:
Mit eenmal isse uff die Tür.
Ick stehe uff und denk' „Nanu"
Jetzt iss se uff, erst war se zu.
Ick jehe hin und kieke
Und wer steht draußen: icke

Wie wäre es, wenn Sie sich morgens zum Ziel setzen. „Heute sage ich irgendjemanden mein kleines Gedicht auf – dabei ist egal wann, wo und wem … aber in jedem Fall heute vor 24 Uhr".

81) Setzen Sie sich eine Mütze/Basecap auf

Am besten zu einem völlig „falschen" Zeitpunkt oder noch besser: einen ganzen Tag lang.

82) Reißen Sie unvermittelt die Arme hoch

Plötzlich und für alle in Ihrer Nähe völlig unerwartet können Sie einmal die Arme hoch reißen. Gerne so, dass sich der eine oder andere auch erschreckt. Das kostet natürlich Mut und Überwindung, aber Sie sind der einzige in der Situation, der noch die Kontrolle hat. Genießen Sie diesen kleinen Moment und bereiten Sie eine gute Antwort vor. Das Geringste was Ihnen passieren kann, ist die Frage „Was soll das!?".

83) Gezielt befleckte Krawatte oder Hemd

Platzieren Sie einmal bewusst und/oder gezielt einen Kaffeefleck o. ä. auf Ihr Hemd oder Ihre Krawatte. Aber so, dass es wirklich von jedem gesehen/wahrgenommen werden kann bzw. muss. Lassen Sie sich darauf ansprechen und entscheiden Sie individuell, ob Sie „überrascht" oder eher „gleichgültig" oder „genervt" reagieren möchten.

84) Fragen Sie Ihre Bank, ob Sie Ihnen 1 Mio. € leiht

Das sollten Sie nicht schriftlich tun. Viel besser ist es persönlich. Sie gehen in Ihre Bank oder irgendein Geldinstitut, und stellen diese Frage: „Ich benötig einen 1-Millionen-Euro-Kredit, wer ist hierfür der Ansprechpartner." Genießen Sie die aufgeregten Blicke und das in der Regel steife, nüchternde Verhalten der Banker. Wenn Sie gefragt werden „wofür", sagen Sie, dass Sie ein Haus bauen wollen. In den meisten Fällen werden Sie überaus höflich und zuvorkommend bedient.

85) Testen Sie die „Kreditwürdigkeit" Ihrer Freunde

Fragen Sie einmal Ihren Kollegen oder Freund, ob er Ihnen 50.000 € ausleihen kann. Das machen Sie mit entsprechend „staatstragender Mine" bzw. über ernst. Natürlich wird man fragen „Warum!?" oder „Wofür!?". Dann können Sie die Spannung auflösen und sagen „Einfach nur so…!".

86) Verzögern Sie die Bezahlung an der Supermarkt-Kasse

An der Supermarkt-Kasse können Sie den Bezahlvorgang einmal absichtlich verzögern. Zuerst suchen Sie umständlich nach der Geldbörse und wenn Sie sie haben, zahlen Sie mit möglichst kleinen Cent-Stücken, die Sie sich vorher besorgt haben. Genießen Sie die Blicke und Reaktion der Leute hinter Ihnen. Sie sind Herr der Situation.

87) Zahlen Sie ausschließlich mit 1- und 2-Cent-Stücken

Besorgen Sie sich bei Drogeriemarkt, Supermarkt oder Bäcker Artikel für 7,00 – 10,00 € und zahlen Sie dann mit 1- und 2-Cent-Stücken. Es wird ein spannender Dialog mit der Dame/dem Herrn an der Kasse beginnen.

88) Schreien/Pfeifen Sie im Supermarkt – unbeobachtet

Eine schnelle Übung, die etwas Mut erfordert. Sie sind im Supermarkt und warten die Gelegenheit ab, in der Sie alleine - unbeobachtet in einem Gang stehen. Nutzen Sie diesen Moment für einen herzhaften, lauten Schrei oder Pfiff.

89) Füllen sie andere Supermarkt-Wagen

Testen Sie die Nerven der Besucher eines Supermarktes und legen Sie in fremde Einkaufswagen einige Artikel hinein. Häufig stehen Supermarkt-Wagen alleine herum, dann können Sie dies unbemerkt tun. Aber es könnte sein, dass Sie beobachtet werden, das macht den Reiz dieser kleinen Übung aus. Wenn Sie „erwischt" werden, können Sie immer noch sagen „Entschuldigung, ich dachte das wäre mein Wagen."

90) Greifen Sie sich einen fremden Supermarkt-Wagen

Auch das ist eine spannende Übung. Sie nehmen sich irgendein Supermarkt-Wagen, der alleine herum steht und fahren ein wenig damit herum. Der eigentliche Reiz besteht darin, dass der Besitzer des Wagens Sie bzw. seinen Wagen bei Ihnen entdeckt.

91) Machen Sie einen Nacht-Spaziergang

Gehen Sie einmal spät nachts in Ihrer näheren Umgebung spazieren. Die Abwechslung und frische Luft wird Ihnen gut tun… und Sie haben wieder etwas „Neues“ getan.

92) Gewohnten TV-Sessel gegen harten Stuhl austauschen

Eine sehr einfache Übung, um erste Schritte gegen die Gewöhnung zu unternehmen. Es ist wirklich nicht schwer. Dies ist noch kein massiver Eingriff in Ihre TV-Gewohnheiten.

93) Kleine Gymnastik während einer TV-Sendung

Wie wäre es, wenn Sie aufstehen – während die Nachrichten im Fernsehen laufen – und einmal 20 Kniebeugen versuchen ... Die Arme zeigen dabei natürlich gestreckt nach vorne.

94) Trinken Sie Wasser währen des TV-Konsums

Diese Übung ist speziell für diejenigen, die häufig vor dem TV sitzen und gerne auch ein Bier oder Wein dazu trinken. Versuchen Sie es einmal mit Leitungswasser. Umso schwerer Ihnen das fällt, desto wichtiger ist diese Übung für Sie.

95) Zählen Sie in Gedanken bis 100 …

Einmal vorwärts, einmal rückwärts. Einmal nur die geraden Zahlen und einmal nur die ungeraden Zahlen. Vorwärts und rückwärts. Das haben Sie noch nie gemacht und trainiert Ihr Hirn.

96) Ziehen Sie einen Tag lang ein Bein nach

Es bleibt Ihnen überlassen, ob Sie dabei stöhnen bzw. wie schmerzhaft Ihr Gesichtsausdruck dabei ist. Am nächsten Tag könnte eine „Spontanheilung" stattfinden. Erzählen Sie, dass Sie bei einem Heilpraktiker waren… und das Bein wieder voll funktionstüchtig ist.

97) Kleine Überraschung für Ihre Nachbarn/ Kollegen

Überraschen Sie Ihre Kollegen oder Nachbarn, in dem Sie ein kleines Geschenk (2-4 €) mit einer kleinen Grußkarte von Ihnen auf den Arbeitsplatz bzw. vor die Tür legen. Dies kann zu Weihnachten sein, muss es aber nicht.

98) Weitere Überraschung für Ihre Nachbarn

Wenn einhundert oder zweihundert Tage nach der ersten Geschenkaktion vergangen sind, machen Sie genau das Gleiche, nur mit einem anderen Geschenk. Auf der Grußkarte steht „Einfach nur so". Zu Weihnachten können Sie dann ja mal nur eine Grußkarte – ohne Geschenk – hinlegen. Hinweis auf der Karte: „Dieses mal ohne Geschenk – Sie wissen ja, Weihnachten kommt immer so plötzlich""

99) Unterziehen Sie sich einem „Qualitäts-Test"

Eine mögliche und sehr überzeugendste Definition für Qualität ist „Das zu tun, was man versprochen hat". Achten Sie mal bei Ihren eigenen Zusagen (!) genau auf diesen Leitsatz. „Ich tue das, was ich versprochen habe". Wenn Sie sagen, Sie kommen um 15:00 Uhr zu einem Termin, dann ist 15:01 Uhr zu spät. Ende August ist nicht Anfang September usw. – Ab sofort halten Sie mindestens für eine Woche alle Ihre Zusagen ein – ohne Ausnahme. Ein interessanter Prozess wird dabei angestoßen, Informieren Sie (noch) niemanden über Ihren Selbstversuch. Später können Sie nach und nach Freunde und Kollegen in ihr „Spiel" mit einbeziehen.

100) Einmal pro Woche 1 Stunde nichts (!) tun

Legen Sie sich eine Stunde hin, auf das Sofa, ins Bett … einfach nur so. Genießen Sie die Ruhe und denken möglichst an nichts - was natürlich schwer fällt.

101) Gönnen Sie sich am Wochenende einen Mittagsschlaf

Lassen Sie alles stehen und liegen und legen Sie sich am Samstag oder Sonntag für 1-2 Stunden mittags auf's Ohr. Idealerweise gleich nach dem Mittagessen.

102) Gehen Sie zwei Stunden früher ins Bett

Mindestens zwei Tage hintereinander versuchen Sie einmal, mindestens zwei Stunden früher als gewohnt ins Bett zu gehen. Sie greifen so sanft in Ihren Biorhythmus ein und können einmal länger ausschlafen. Es kann durchaus sein, dass Sie früher als gewohnt aufwachen. Stehen Sie ruhig auf und freuen Sie sich über den plötzlichen Zeitgewinn.

103) Verschenken Sie Ihren „Müll"

Räumen Sie Ihre Wohnung und Ihren Keller nach Dingen, die Sie nicht mehr benötigen und verschenken Sie diese an Menschen, die diese Dinge eventuell brauchen könnten.

104) Blitzreise am Morgen

Stellen Sie am Abend Ihren Wecker fünf Minuten früher als die sonst übliche Weckzeit. Wenn er klingelt, bleiben sie liegen und malen sich Ihren Lieblingsort oder einen anderen Ort aus Ihrer Phantasie aus. Sie reisen dort in Gedanken hin und sammeln so Kraft und Energie für den

Tag. Und Sie haben schon das „Neue“ für den Tag erledigt.

105) Nachdenken über eigene Veränderungsbereitschaft

Machen Sie eine Liste der „Meilensteine“/Situationen, in denen die aus Ihrer Sicht größten Veränderungen in Ihrem Leben stattgefunden haben (erste Freundin, erste eigene Wohnung, erstes Kind...). Danach fragen Sie sich, wodurch in Ihrem Leben die größten Veränderungen Ihres Verhaltens ausgelöst wurden. Wann sorgen Sie selbst aktiv dafür, dass sich etwas verändert. Diese Fragen sollen helfen, die eigene Bereitschaft zur Veränderung zu unterstützen, die „Komfortzone“ zu verlassen. Wenn Sie das über einen Tag lang immer mal wieder reflektieren, haben Sie sicher etwas „Neues“ gemacht, was Sie vor noch nie getan haben.

106) Jagen Sie nach Spiegeln

Eine gute Übung, garantiert mehr Selbstwert zu erhalten sowie Selbstbewusstsein zu tanken, ist die Spiegel-Übung, Gehen Sie mindestens 4 Wochen lang an keinem Spiegel vorbei, ohne sich mindestens in Gedanken zuzuwinken. Es reicht aus, wenn Sie sich strahlend anschauen. Sehen Sie zu, dass mind. 8-10 Gelegenheiten pro Tag bekommen, in einen Spiegel zu schauen. Morgens, wenn Sie aufstehen, abends bevor Sie ins Bett gehen reicht nicht aus. Nutzen Sie Ihren Spiegel im Auto, in Ihrer Handtasche, im Büro,

bei Freunden, Spiegel in Restaurants, öffentlichen Toiletten oder Glastüren bzw. Schaufenster. Entwickeln Sie mind. 4 Wochen lang eine „Spiegel-Mania“ Achten Sie darauf, dass Sie auch tatsächlich mit sich sprechen. Beispiel: „Heute ist ein schöner Tag, mal sehen was wir heute Tolles erleben können. Ich mag Dich! Ich finde Dich super!“ Wenn Sie auch laut mit sich sprechen, dann erhöhen Sie sogar den Intensitätsgrad. Sie werden staunen. Nach vier Wochen kann es passieren, dass Sie sich, Ihre Familie und Ihre Freunde nicht mehr wieder erkennen. Sie werden überrascht sein, wie wirkungsvoll dieser kleine Trick ist. Wirklich.
Probieren Sie es aus – egal was Sie jetzt denken! Es wird Sie förmlich umhauen. Tun Sie sich selbst den Gefallen. Vermeiden Sie mit jemanden darüber zu sprechen, wenn Sie diese Übung ausprobieren möchten. Selbst Ihrem Partner sollten Sie vor Ablauf der vier Wochen nichts sagen.

Diese Übung ermöglicht Ihnen eine Veränderung/Verbesserung der Selbstwahrnehmung und Ihres Selbstbewusstseins. Sie werden beobachten können, dass Sie sich in schwierigen Situationen viel sicherer fühlen. Probieren Sie unbedingt das laute Sprechen. Beste Plätze sind Auto oder Badezimmer. Blick in Spiegel, lächeln Sie und sprechen Sie laut: “Ich bin mein bester Freund, Ich glaube an mich. Ich werde Erfolg haben. Ich halte zu mir.“

107) Jagen Sie Zeitvampire mit einem Tagesprotokoll

Führen Sie eine Woche lang ein Tagebuch, in dem Sie alle Aktivitäten notieren, die länger als fünf Minuten dauern. Stichwort und Dauer in Minuten reicht völlig aus (Autofahren, Essen, Hausarbeiten, Produktive Arbeit, Körperpflege, Fernsehen, Internet/eMail, Zeit für sich usw.). Am Ende der Woche schauen Sie sich Ihr Protokoll an und können sicher ein paar Zeitvampire entdecken.

108) Notieren Sie Dinge die Ihnen Freude machen

Schreiben Sie einmal genau auf, was Ihnen persönlich Freude macht. Schreiben Sie einfach drauf los. Ein oder zwei Dinge, die sich wirklich zeitnah realisieren lassen, gehen Sie dann in den nächsten Wochen gezielt an bzw. vereinbaren einen festen Termin dafür. Somit haben Sie gezielt etwas Freudvolles für sich geplant, dass Sie so vermutlich noch nie getan haben.

109) Essen Sie über den Tag verteilt mind. 800g Obst

Slatco Sterzenbach empfiehlt in seinem Buch „Der perfekte Tag“ (Heyne-Verlag), jeden Tag ausreichend Obst und Gemüse zu essen. Er empfiehlt konkret, einmal 800g Obst und Gemüse auf die Küchenwaage zu legen, damit man weiß, was der „gesunde“ Tagesbedarf wäre. Das Obst auf die Waage zu legen, wäre schon der Erfolg „Täglich etwas Neues tun“. Wenn Sie tagsüber wenig Obst und Gemüse essen, wäre es sinnvoll morgens mit viel Obst zu beginnen. Essen sie dabei zuerst die wasserhaltigen Obstsorten (Weintrauben, Orangen) und dann anschließend die wasserärmeren Sorten (z.B. Bananen). Bevorzugen Sie saisonales Obst aus Ihrer unmittelbaren Umgebung. Es enthält mehr Vitamine und muss nicht künstlich frisch gehalten werden. Warum Sie Obst und Gemüse essen sollen, ist leicht und überzeugend begründet: Obst und Gemüse enthalten kein Fett, dafür aber reichlich Vital- und Ballaststoffe. Es schützt also vor Übergewicht und sogar vor lebensbedrohlichen Krankheiten wie Herzinfarkt und Krebs.

110) Sorgen Sie für ausreichend „Lacher"

Lachen wirkt entspannend und ist gesund. Dies wird von den verschiedensten Experten empfohlen und bestätigt. Machen Sie eine Liste von den Dingen, Ereignissen, Medien, die Sie am meisten zum Lachen bringen. Fragen Sie sich einfach: „In welcher Situation habe ich das letzte Mal herzlich gelacht?" oder „Wann habe ich das letzte Mal über mich selbst gelacht?" Besorgen Sie sich DVD's, Hör-CDs, Filme, Bücher oder Fotos, über die Sie lachen können. Oder wie wäre es mit einem Tagesprotokoll, dass Sie eine Woche lang führen. Immer wenn Sie lachen, notieren Sie Datum/Uhrzeit und den Grund. Nach einer Woche sollten dann mindestens fünf Einträge stehen… wenn nicht, haben Sie Handlungsbedarf in Sachen „Lachen".

111) Erstellen Sie Ihren eigenen „Rollenplaner"

Jeder Mensch füllt in seinem Leben mehrere Rollen aus. Wie viele Rollen sind es bei Ihnen? Vor allem, welche Rollen sind es. Notieren Sie dies einmal auf ein Stück Papier (Vater/Mutter, Sohn/Tochter, Beruf, Kollege/Chef/Mitarbeiter, Vereinsmitglied, Tennisspieler ... da kommt einiges zusammen. Wenn Sie alle Ihre Rollen einmal notiert haben, schreiben Sie mal die jeweils verwendete Zeit für die jeweiligen Rollen auf. Das hilft Ihnen a) Ihrer Rollen bewusst zu werden und b) werden Sie feststellen, welche Rollen eventuell vernachlässigt wurden.

Anhang

101 gute Gründe, Jonglieren zu lernen

1. Jonglieren lehrt zu lernen.
2. Jonglieren lehrt, Kompliziertes zu vereinfachen.
3. Jonglieren fördert die Geschicklichkeit.
4. Jonglieren lehrt, Gelerntes zu generalisiere und fördert so Lernen jeder Art.
5. Beim Jonglieren lernt man, Ordnung in anfängliches Chaos zu bringen.
6. Viele der genialsten Menschen können Jonglieren (interessant, oder?).
7. Jonglieren lehrt, Blockaden zu überwinden.
8. Jonglieren reguliert den Blutdruck.
9. Jonglieren verbessert das Rhythmusgefühl.
10. Mit der Fähigkeit zu Jonglieren steigert sich gleichzeitig die Fähigkeit, geistige, körperliche und emotionale Herausforderungen zu meistern.
11. Jonglieren stärkt die Kondition.
12. Jonglieren bringt immer mehr innere und äußere Harmonie.
13. Jonglieren lehrt den produktiven und positiven Umgang mit eigenen Fehlern: Fehler werden analysiert, Lösungsideen entwickelt, Lösungen umgesetzt und von Erfolg belohnt.
14. Jonglieren schafft positive Referenzerlebnisse.
15. Jonglieren stellt einen idealen Ausgleich zu Belastungen im Alltag dar.
16. Jonglieren bringt einen Gewinn an Konzentrationsvermögen.
17. Jonglieren baut negativen Stress ab.
18. Jonglieren lehrt, Energien zu konzentrieren.
19. Jonglieren fördert die Disziplin.
20. Verblüffender Weise steigt mit zunehmenden Jonglierfähigkeiten auch das Selbstbewusstsein und das Selbstwertgefühl.
21. Jonglieren bringt immer wieder ungewöhnliche und neue Eindrücke, die sich förderlich auf jegliche Denkprozesse auswirken.
22. Die Vielseitigkeit von Jonglierrequisiten bietet neue Möglichkeiten.
23. Jonglieren kann in individuell bestimmtem Tempo erlernt werden.
24. Jonglieren erfordert und belohnt körperliche und geistige Präzision.
25. Das Gehirn arbeitet bei dieser körperlichen Bewegung 30% mehr.
26. Jonglieren bringt Entspannung für den Körper und
27. Entspannung für den Geist.
28. Jonglieren motiviert.
29. Jonglieren kann allein und auch mit anderen zusammen trainiert werden.
30. Jonglieren steigert die sinnvolle Selbstanalyse.
31. Jonglieren ist eine wunderbare Kombination aus Spiel, Kunst u. Artistik.
32. Jonglieren kann zur Meditation genutzt werden, bringt ins ‚Jetzt' und vereint, Geist, Körper und Seele.
33. Jonglieren stärkt das Körpergefühl.

34. Jonglieren steigert die Ausdauer.
35. Jonglieren bringt persönliche Erfolgserlebnisse.
36. Jonglieren führt zur Verbesserung der Auge-Hand-Koordination.
37. Jonglieren ist spielerisch.
38. Jonglieren bringt Freunde und positive soziale Kontakte
39. Jonglieren eignet sich hervorragend zur Verbesserung des Teamworks.
40. Jonglieren bringt mehr Geduld mit sich selbst und anderen.
41. Jonglieren fördert das Ballgefühl.
42. Jonglieren steigert das Improvisationstalent.
43. Jonglieren erweitert das Gehirn. Das haben Neurologen an den Universitäten Regensburg und Jena mithilfe von Testreihen nachweisen können.
44. Jonglieren kann als Krafttraining eingesetzt werden / sinnvoll ergänzen.
45. Jonglieren führt automatisch zur Verbesserung der Grobmotorik und
46. Verbesserung der Feinmotorik.
47. Beim Jonglieren können verschiedene Charaktere ausprobiert werden.
48. Jonglieren steigert die äußere und innere Balance.
49. Jonglieren steigert die Selbstkontrolle und bringt Selbstbestätigung.
50. Jonglieren bietet einen gesunden Ausgleich zur Monotonie bei manueller Arbeit, z.B. Arbeit am Computer.
51. Jonglieren produziert körpereigenes Adrenalin.
52. Jonglieren verbessert die persönliche Selbstdarstellung.
53. Jonglieren bringt Körper und Geist in Einklang.
54. Jonglieren fördert auch die nicht-dominante Körperseite.
55. Jonglieren ist die kunstvolle Art des Angebens.
56. Jonglieren erhöht die visuelle Unterscheidungsfähigkeit und eine Verbesserung des peripheren Sehens.
57. Jonglieren regt auf natürliche Weise Körper und Kreislauf an: 3 Minuten Jonglieren macht munterer als eine Tasse Kaffee.
58. Beim Jonglieren erweitert sich der eigene Horizont immer mehr, da sich die eigene Leistungsgrenze immer weiter nach oben schiebt. Was vor kurzem noch unmöglich schien ist nun erlernte Fähigkeit und gehört zum Repertoire.
59. Ganz nebenbeimacht Jonglieren auch noch Freude.
60. Jonglieren fördert das Erforschen und Experimentieren.
61. Beim Jonglieren gibt es Systeme für einen einzelnen Jongleur, zwei Jongleure zusammen bis hin zu unendlich großen Gruppen, die gleichzeitig an einem Muster zusammen jonglieren - und lehrt so auch große Gruppen, erfolgreich zusammenzuarbeiten.
62. Jonglieren vereinfacht auch das Erlernen komplizierter Bewegungsabläufe und fördert die allgemeine Koordinationsfähigkeit.
63. Jonglieren lehrt diverse physikalische Gesetzmäßigkeiten.
64. In Jongliergruppen kann jeder Teilnehmer gleichzeitig in bestimmten Bereichen Schüler und in anderen Gebieten Lehrer sein.
65. Jonglieren bringt innere Ruhe und Ausgeglichenheit.
66. Jonglieren steigert die Entwicklung von Reflexen.

67. Beim Jonglieren stellt man schon nach kurzer Zeit fest, dass man schon viel weiter gekommen ist, als man es am Anfang für möglich gehalten hat.
68. Jonglieren steigert die Entwicklung des Zeitgefühls.
69. Jonglieren steigert die Entwicklung von Zielstrebigkeit.
70. Jonglieren führt zu einer besseren Körperhaltung.
71. Jonglieren ist ungefährlich und aggressionsfrei.
72. Jonglieren kann auf kleinstem Raum ausgeführt werden.
73. Jonglieren ist aufregend.
74. Jonglieren fördert die Durchblutung.
75. Unerwartete Situationen bekommt man schneller in den Griff.
76. Jonglieren lässt persönliche Stärken und Schwächen objektiv betrachten.
77. Jonglieren bietet eine Mischung aus Kontrolle und Variationen.
78. Gute Jongleure haben schnelle Hände und schnell Gedanken.
79. Jonglieren trainiert die Fantasie.
80. Jonglieren wirkt zugleich beruhigend und angenehm anregend.
81. Jonglieren ist eine unendliche Kunstform, bei der die eigenen Fähigkeiten in diversen Richtungen immer mehr erweitert werden können.
82. Jonglieren fördert die Kooperationsfähigkeit.
83. Jonglieren ist ein ideales Gebiet zum Erlernen von mentalem Training.
84. Das Jongliertraining lässt sich auch bei Krankheit und sonstigen Hinderungsgründen durch mentales Training weiterführen.
85. Jonglieren ist ein wenig Exzentrik im Alltag.
86. Man kann mit Jonglieren sogar viel Geld verdienen.
87. Jonglieren lehrt, bewusste Entscheidungen vor dem Handeln zu treffen und diese Handlung dann konsequent durchzuführen.
88. Jonglieren fördert das logische Denken.
89. Jonglieren ist ein ideales Bio-Feedback: Entspannung, Erfolge und unerwartete Resultate werden sofort sichtbar.
90. Jonglieren ist lustig.
91. Jonglieren fördert die Sinne Sehen, Hören und Fühlen.
92. Jonglieren ist ,beidhirnig'.
93. und ,beidhändig'.
94. Jonglieren trainiert das freudige Präsentieren von eigenen Fähigkeiten.
95. Jonglieren ist eine unterhaltsame Verbindung von Naturgesetzen und selbst gewählten Regeln und Vorlieben.
96. Jonglieren steigert die eigene Eleganz und die Ästhetik aus Gleichgewicht, Spannung, Kontrast, Variation, Bindung und Lösung.
97. Jonglieren ist ein idealer Ausgleichssport für die Seele.
98. Jonglieren ist eine schöpferische und gestaltende Kunstform.
99. Jonglieren kann jeder lernen.
100. Jonglieren lehrt die Kombination versch. persönlicher Fähigkeiten.
101. Jonglieren steigert die Fähigkeit, sich auf verschiede Dinge gleichzeitig zu konzentrieren und dabei jeder Handlung die nötige Aufmerksamkeit zukommen zu lassen.

Literaturverzeichnis

Die nachfolgenden Buchtitel werden vom Autor – im Sinne einer wirksamen „BallaBalla-Bekämpfung“ – gerne empfohlen:

Ken Blenchard, John P.Carlos, Alan Randolph
Kursbuch Selbstverantwortung, Campus Vlg.,
ISBN 3-593-36416-6

Stuart Crainer
Die ultimative Managementbibliothek,
Campus Verlag,
ISBN 3-593-35789-5

Mihaly Csikszentmihalyi
Das Flow-Erlebnis,
Klett-Cotta-Verlag,
ISBN 3-608-95338-8

Günter Dueck
Abschied vom Homo Oeconomicus
Eichborn Verlag
ISBN 978-3-8218-5678-0

Peter F. Drucker
Die Kunst des Managements, Econ Verlag,
ISBN 978-3-430-12237-5

Stephan Ehlers
REHORULI - Jonglieren lernen mit Erfolgsgarantie
FQL-Publishing
ISBN 978-3-833431-31-9

Antony Fedrigotti
Zum Erfolg geboren,
Axent-Verlag,
ISBN 3-928086-89-8

Dr. Dr. Cay von Fournier
Die 10 Gebote für ein gesundes Unternehmen
Campus Verlag
ISBN 978-3-593377-84-1

Herbert A. Henzler
Das Auge des Bauern macht die Kühe fett,
Hanser Verlag,
ISBN 978-3-446-40216-4

Paul Reinhold Linn
Im Leben vorwärts kommen. Chancen erkennen - Erfolge erleben!
Helmut Lingen Verlag

Christopher Locke
Gonzo-Marketing
Financial Times
Deutschland
ISBN 978-3827270573

Fredmund Malik
Führen, Leisten, Leben,
Heyne Business Vlg
ISBN 3-453-19684-8

Günter Ogger
Die Abgestellten,
Bertelsmann,
ISBN 978-3-570-00960-4

Max Otte
Der Crash kommt,
Ullstein,
ISBN 978-3-348-36975-4

Tom Peters
Das Tom Peters Seminar,
Camous Verlag,
ISBN 3-593-35240-0

Peter Senge
Die fünfte Disziplin: Kunst und Praxis der lernenden Organisation,
Klett-Cotta Verlag,
ISBN 3-608-91379-3

Fritz B. Simon
Gemeinsam sind wir blöd!?
Carl-Auer-Verlag,
ISBN 978-3-89670-436-8

Reinhard K. Sprenger
Mythos Motivation,
Campus Verlag,
ISBN 3-593-34499-8

Slatco Sterzenbach
Der perfekte Tag,
Heyne Verlag;
ISBN 978-3-453-12108-9

Felix von Cube
Lust an Leistung,
Piper Verlag,
ISBN 3-492-22524-1

Felix von Cube
Fordern statt Verwöhnen,
Piper Verlag,
ISBN 978-3-22895-4

Jürgen Wunderlich
Intuition – die unbewusste Intelligenz
Businessvillage Verlag
ISBN 978-3938358771

Andreas Zeuch
Management von Nichtwissen in Unternehmen,
Carl-Auer-Verlag,
ISBN 978-3-89670-576-1

Vorsicht: Die Welt unserer Vorstellungen
gaukelt uns eine Vorstellung von der Welt vor.

Machen Sie mit und verlassen Sie Ihre Vorstellungswelt:
Durchbrechen Sie Muster, Gewöhnung, Bequemlichkeit.

www.business.ballaballa.com